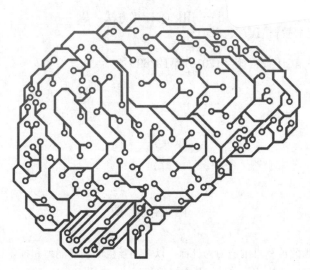

Computational Thinking

计算思维

基础

葛艳玲 乔孟丽 | 主编

温莹莹 王晓洁 宋祥仕 王秀翠 | 副主编

人民邮电出版社

北京

图书在版编目（CIP）数据

计算思维基础 / 葛艳玲，乔孟丽主编. -- 北京：
人民邮电出版社，2021.3
ISBN 978-7-115-51581-0

Ⅰ. ①计… Ⅱ. ①葛… ②乔… Ⅲ. ①计算方法－思
维方法－高等学校－教材 Ⅳ. ①O241

中国版本图书馆CIP数据核字(2019)第127699号

内 容 提 要

本书以培养学生的计算思维能力为目标，以提高学生的创新能力和抽象思维能力为重点，培养学生从计算思维的角度理解计算学科的基本知识和方法，并用 Google Blockly 语言进行程序设计，使计算思维融入读者分析问题和解决问题的实践过程中。本书主要包括计算思维概述、计算思维之抽象、计算思维之自动化、人工智能、Google Blockly 语言程序设计等内容。

本书可作为高等院校计算机课程的入门教材，也可作为中学阶段信息技术课程的教材，还可作为希望了解和学习计算思维、学习 Blockly 的人员的参考书。

◆ 主　编　葛艳玲　乔孟丽
　　副主编　温莹莹　王晓洁　宋祥仕　王秀翠
　　责任编辑　张　斌
　　责任印制　王　郁　马振武
◆ 人民邮电出版社出版发行　　北京市丰台区成寿寺路 11 号
　　邮编　100164　电子邮件　315@ptpress.com.cn
　　网址　https://www.ptpress.com.cn
　　北京市艺辉印刷有限公司印刷
◆ 开本：787×1092　1/16
　　印张：7.75　　　　　　　　2021 年 3 月第 1 版
　　字数：164 千字　　　　　　2021 年 3 月北京第 1 次印刷

定价：32.00 元
读者服务热线：(010)81055256　印装质量热线：(010)81055316
反盗版热线：(010)81055315
广告经营许可证：京东市监广登字 20170147 号

前　言

　　当今社会，信息技术对人类工作、生活、学习等方面的影响日益深入，信息技术教育也从注重计算机操作技能到强调计算机应用能力，再到以计算思维能力培养为基本目标。与数学、外语一样，如何应用计算思维方法来解决问题，已经成了当代人必须具备的基本能力。2012 年，教育部高教司设立了以计算思维为切入点的"大学计算机课程改革项目"。教育部也提出要把培养计算思维能力作为中小学信息技术课程教学基本目标之一。对于中小学来说，当前大部分信息技术课程还处于让学生掌握计算机基础知识、计算机基本操作技能的阶段，对于培养学生的问题求解、系统设计和行为理解的计算思维能力方面还有不足，与国外的计算机教育相比还存在一定的差距。为配合信息技术课程教学改革，加快教学内容建设，落实计算思维培养目标，提高教学效果，我们编写了本书。

　　本书尝试让读者初步认识计算思维方法，提高计算思维能力，不仅在计算机学科，而且在与其他学科的交叉融合等方面打下良好的基础，旨在推动青少年学生以及其他读者认识并理解计算思维、运用计算思维方法来解决问题，学会"问题分解—模式识别—抽象提取—算法设计"的问题解决过程。重点通过使用 Blockly 可视化编程语言，让读者能够轻松理解程序设计的基本方法，进而提高计算思维能力。

　　全书分为 5 章，前 4 章介绍计算思维，第 5 章介绍可视化编程语言 Google Blockly，具体内容如下。

　　第 1 章　计算思维概述。主要介绍了计算工具的演化过程，计算思维的概念、特征、应用领域、结构、本质、基本内容以及学习计算思维的必要性等。

　　第 2 章　计算思维之抽象。主要介绍了信息符号化即数据编码以及数学建模，从对数据进行精确和严格的符号化、计算机问题求解的过程、数学建模的过程等方面体现计算思维，同时总结计算思维问题求解的主要方法，并以典型例子阐释。

　　第 3 章　计算思维之自动化。从二进制算术运算的自动化和信息存取与指令执行的自动化两个角度讲解了自动化的过程、编程思想，阐述了自动执行的基础——程序、程序的灵魂——算法，并讲解了几个经典算法问题及算法评价。

　　第 4 章　人工智能。介绍了人工智能的概念与发展历史，图灵测试，人工智能的应用领域，人工智能与物联网、云计算以及大数据的关系等，并介绍了智能机器人以及人工智能对人类社会的影响等。

第 5 章　Google Blockly 语言程序设计。介绍了 Blockly 的特点及其界面、计算机语言的基本元素、程序控制结构、列表等，并用 Blockly 实现了几个典型的案例。

本书篇幅不大，易学易用。在语言上，尽量避免晦涩难懂，力求激发学生的学习兴趣，以比较有趣的、生活化的实例来解释说明，便于学生理解。例如第 5 章以介绍游戏的形式来帮助学生理解程序设计结构。在内容上，全书以计算思维及其应用为主线，除了介绍计算思维方法之外，还介绍了当前乃至以后的热点问题——人工智能的应用，使学生能在一定程度上了解计算思维的典型应用——人工智能。本书还讲解了 Blockly 程序设计语言的具体用法，通过具体实例重点讲解算法、程序等用计算机解决问题的思维过程。Blockly 易学易用，特别适合初学者，使程序设计学习变得快乐而轻松。

本书编写分工如下：乔孟丽和葛艳玲共同编写第 1 章，葛艳玲编写第 2 章，王晓洁编写第 3 章，温莹莹编写第 4 章，乔孟丽编写第 5 章。本书编写的协调与组织工作由葛艳玲和宋祥仕完成，全书的校对由葛艳玲和王秀翠完成。

本书得到 Google 中国教育合作项目——中小学计算机课程开发资助项目立项资助。在立项期间和本书酝酿之初，我们得到了临沂大学校长杨波教授、信息科学与工程学院院长张问银教授及王振海教授的指导；临沂一中宋祥仕主任和信息技术教研组王秀翠等老师提供了实践条件，为将计算思维引入高中信息技术教学提供了大力支持，使本书能够更好地用于教学。在此对他们致以诚挚的谢意。

本书受到哈尔滨工业大学战德臣教授"大学计算机-计算思维导论"课程的深刻影响，不仅秉承了战教授计算思维的思想，而且有幸得到战教授对本书整体思路的指导，在此对战教授表示衷心感谢。

本书适合计算机的初学者阅读，也可以作为高中生、大学生阅读的有关计算思维和 Blockly 的程序设计入门读物。但由于作者水平所限，对有些知识的认识、理解和研究还不够深入，在此恳请各位读者给予批评指正。

本书读者群 QQ 群号 783300051，欢迎加入。

作　者

2020 年 8 月于临沂大学

目　录

第1章
计算思维概述

人类自古以来一直在进行着认识和理解自然的活动。几千年前，人类主要以观察或实验的方式，依据经验来描述自然现象。随着科学技术的发展和进步，人类开始对观测到的自然现象加以假设，然后构造模型进行理解，经过大量实例验证模型的一般性，再利用模型对新的自然现象进行解释和预测。随着计算机的出现及相关学科的发展，派生出了基于计算的研究方法，人们通过数据采集、软件处理、结果分析与统计，用计算机辅助分析复杂现象。从以上的过程可以看到，人类对自然的认识和理解经历了经验、理论和计算三个阶段，目前正处在计算的阶段。

"人要成功融入社会所必备的思维能力，是由其解决问题时所能获得的工具决定的。"在工业社会，人们关注的是事物的物理特性，思考如何用原料生成新事物。进入信息社会后，为了求解问题，人们关注的是信息的使用。

随着信息技术的发展，人类已不满足于仅仅使用信息，而是更加关注利用数据去解决问题，进而创造工具和信息。要达到这样的目的，需要使用抽象、数据处理等技能，并需要大量计算机科学概念的支持。这些技能总结起来就是"计算思维"——人类思维与计算能力的综合。在 21 世纪，与读、写、算一样，计算思维将是每个人必备的基本技能之一。

什么是计算思维呢？如何提高自身的计算思维能力呢？下面将从计算工具的发展简史中寻找踪迹。

1.1 计算工具与思维

图灵奖得主艾兹格·迪科斯彻（Edsger Dijkstra）说："我们所使用的工具影响着我们的思维方式和思维习惯，从而也将深刻地影响着我们的思维能力。"在数字化时代，计算机技术渗透至各个领域，计算机已成为人们学习、工作和生活不可或缺的工具，像计算机科学家那样去思维逐渐成为人们主要的思维方式和思维习惯。人们认识世界和改造世界的过程，是先进生产力不断取代落后生产力的过程，而生产力发展水平的主要标志是生产工具，生产工具中最重要的工具之一就是计算工具。

随着社会的发展，计算工具也一直在不断发展，从古老的"结绳记事"，到算盘、差分机，再到第一台通用电子计算机 ENIAC，计算工具经历了从简单到复杂、从低级到高级、从手动到自动的发展过程。

1.1.1 手动式计算工具

1. 手指

人们长期以来将手指作为计算工具来进行简单的计算，我国古代就有"掐指一算"之说，可见指算是人们很早就采用的一种计算方式。

2. 结绳

用手指进行计算虽然很方便，但计算范围有限，计算结果也无法存储。于是人们用绳子作为计算工具来延长手指的计算能力，例如我国古书中记载的"上古结绳而治"就是结绳记事的例子。

3. 算筹

算筹是我国古代劳动人民最先创造和使用的一种简单的人造计算工具。算筹具体出现的时间已无法考证，据史料记载，它在春秋战国时期的使用就已非常普遍。算筹采用十进制计数法，有纵式和横式两种摆法，这两种摆法都可以表示数字 1、2、3、4、5、6、7、8、9，数字 0 用空位表示，如图 1-1 所示。算筹的计数方法为：个位用纵式，十位用横式，百位用纵式，千位用横式，……，纵横相间，从右到左，即可表示任意自然数。

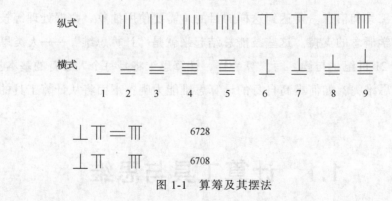

图 1-1　算筹及其摆法

4. 算盘

我国是算盘的故乡。算盘起源于北宋时期，是我国古代劳动人民发明创造的一种简便的计算工具，如图 1-2 所示。算盘采用十进制计数法，有一整套加法、减法、乘法、除法口诀，能够进行基本的算术运算，是世界公认的最早使用的具有体系化算法的计算工具。在电子计算机已被普遍使用的今天，古老的算盘并没有被废弃，因它具有灵便、准确等优点，在某些领域仍然被使用。

图 1-2　算盘

5. 纳皮尔算筹

16～17 世纪，欧洲的自然科学蓬勃发展，改进数字计算方法成了当务之急。1612 年，英国数学家约翰·纳皮尔（John Napier）发明了一种计算工具，即纳皮尔算筹。它可以用加法和一位数乘法代替多位数乘法，也可以用除法和减法代替多位数的除法，从而简化了计算。

纳皮尔算筹的计算原理是"格子"乘法。例如：计算 934×314，首先将 9、3、4 和 3、1、4 摆成图 1-3（a）所示的形式；然后将 934 分别和 3、1、4 做乘法运算，运算结果的两位数分别写在交叉格子对角线的上下，如图 1-3（b）所示；然后从右下角 6 开始，依次将右上左下对角线方向上的数字相加，即可得到结果 293276，如图 1-3（c）所示。这种简单的计算方法在当时很受欢迎。在清代，它与笔算、比例规算法等一起传入我国。

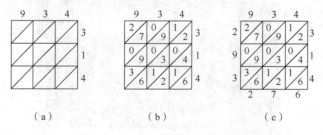

图 1-3　纳皮尔算筹的计算原理

6. 对数计算尺

1621 年，英国数学家威廉·奥特雷德（William Oughtred）根据对数原理发明了对数计算尺，也称圆形计算尺。对数计算尺的计算原理是在两个圆盘的边缘标注对数刻度，然后让它们相对转动，就可以基于对数原理用加减运算来实现乘除运算。17 世纪中期，对数计算尺由圆形改进为长方形，并具有尺座和可在尺座内部移动的滑尺，如图 1-4 所示。18 世纪末，发明蒸汽机的瓦特（Watt）独具匠心，在尺座上添置了一个滑标，用来存储计算的中间结果。对数计算尺不仅能进行加、减、乘、除、乘方、开方运算，还能计算三角函数、指数函数和对数函数。一直到袖珍电子计算器面世后，对数计算尺才渐渐退出历史舞台。

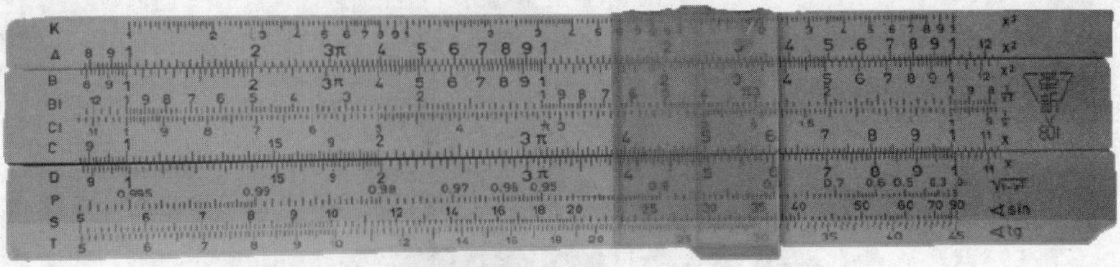

图 1-4　对数计算尺

1.1.2　机械式计算机

17 世纪，欧洲出现了利用齿轮技术的计算工具。1642 年，法国数学家布莱士·帕斯卡（Blaise Pascal）发明了帕斯卡加法器（见图 1-5），第一次确立了"计算机器"的概念，这是人类历史上第一台机械式计算工具，被誉为"人类有史以来第一台计算机"，其原理对后来的计算工具产生了深远的影响。帕斯卡加法器以发条为动力，通过转动齿轮来实现加减运算，用连杆实现进位。帕斯卡从加法器的成功中得出结论：人的某些思维过程与机械过程没有差别，因此可以设想用机械来模拟人的思维活动。帕斯卡加法器的功能不及算筹和算盘，但它的发明意义远远超出了其本身的使用价值。因为算筹和算盘只能存储计算的中间结果，本身不包含任何算法，本质上只是寄存器，操作人员必须熟记指令，而帕斯卡计算器用内部的齿轮机构预存了算法，成为真正意义上的"计算机"。

图 1-5　帕斯卡加法器

德国数学家莱布尼茨（G. W. Leibnitz）受到帕斯卡的一篇关于帕斯卡加法器的论文的启发，经过潜心研究，于 1673 年研制出了一台能进行四则运算的机械式计算机，称为莱布尼茨四则运算器，如图 1-6 所示。这台机器在进行乘法运算时采用进位-加（shift-add）的方法，该方法后来被现代计算机所采用。

1804 年，法国机械师约瑟夫·雅各（Joseph Jacquard）发明了可编程织布机，它虽然不是计算工具，但是它第一次通过读取穿孔卡片上的编码信息来自动控制织布机的编织图案，这种方式为后来计算机使用存储器奠定了基础。直到 20 世纪 70 年代，穿孔卡片这种输入方式还在很多计算机中普遍使用。

图 1-6　莱布尼茨四则运算器

1823 年，英国数学家查尔斯·巴贝奇（Charles Babbage）设计出了差分机（见图 1-7），专门用于航海和天文计算，这是最早采用寄存器来存储数据的计算机，体现了早期程序设计思想的萌芽，标志着计算工具进入了从手动式进入自动式的新时代。

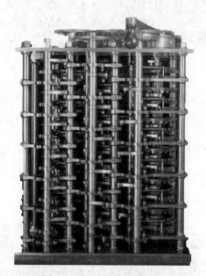

图 1-7　巴贝奇差分机

巴贝奇于 1832 年开始研究分析机，他设计了 30 多种方案，开创了大规模自动化计算机的先河。分析机主要包括以下三个装置：①存储装置，采用既能存储数据又能存储结果的齿轮式寄存器；②运算装置，从寄存器取出数据进行算术运算，用累次加法来实现乘法，并根据运算结果改变计算进程；③控制装置，用指令控制操作顺序、选择处理数据，控制输出结果。虽然巴贝奇的分析机最终没有制造成功，但是其设计原理成为现代计算机的理论基础，巴贝奇也因此被称为"计算机之父"。

1.1.3　机电式计算机

1886 年，美国统计学家赫尔曼·霍勒瑞斯（Herman Hollerith）从雅各织布机的穿孔卡片设计中得到启发，用穿孔卡片存储数据，采用机电技术取代纯机械装置，制造了一种机电式的计算机——制表机。制表机不但能自动进行算术运算，还能累计存档、制作报表（见图 1-8）。1890 年美国的人口普查工作就使用了制表机，使统计工作得以提前 8 年完成，利用计算机进行如此大规模的数据处理在人类历史上属于第一次。

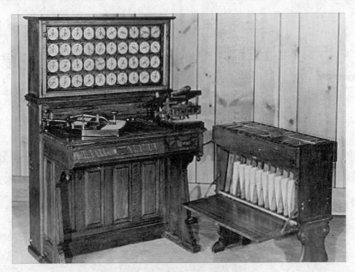

图 1-8　制表机

1938 年，德国工程师康拉德·楚泽（Konrad Zuse）研制出了第一台采用二进制的 Z-1 计算机。随后，楚泽又研制出了 Z-2、Z-3 和 Z-4 计算机，且都采用了继电器。其中，Z-3 计算机被称为世界上第一台通用程序控制计算机（见图 1-9），因为它具体实现了前人提出的设计思想，如用继电器作为控制开关、用浮点计数法进行编码、运算规则采用二进制、指令形式带存储地址等。

图 1-9　Z-3 计算机

美国哈佛大学应用数学教授霍华德·艾肯（Howard Aiken）从巴贝奇分析机的设计原理中得到启示，改进了分析机的纯机械构造，用机电技术来实现巴贝奇的分析机。艾肯得到 IBM 公司的资助后，于 1944 年成功研制了 Mark-I 计算机，如图 1-10 所示。Mark-I 计算机用大量继电器作为开关元件，存储容量为 72 个 23 位十进制数，并采用穿孔纸带控制程序。Mark-II 是 Mark-I 的增进版，从 Mark-III 计算机开始，艾肯开始采用电子元器件，其寄存器由电子管电路组成，数据和指令则放在磁鼓上。

图 1-10　Mark- I 计算机

Mark 系列计算机的典型部件是开关速度为 1/100 秒的普通继电器，机电式计算机的运算速度因此受到限制。随着科学技术的发展，机电式计算机逐步被电子计算机替代。

1.1.4　电子计算机

1939 年，美国数学和物理学教授约翰·阿塔纳索夫（John Atanasoff）研制了一台称为阿塔纳索夫-贝瑞（Atanasoff-Berry Computer，ABC）的电子计算机，第一次提出采用电子技术来提高计算机运算速度的设计方案。

第二次世界大战中，美国物理学家约翰·莫克利（John Mauchly）受美国军械部的委托，为计算弹道和射击表研制电子数字积分计算机（Electronic Numerical Integrator and Computer，ENIAC），于 1946 年 2 月 15 日宣告研制成功，这标志着人类计算工具的历史性变革。ENIAC 占地 $167m^2$，重达 30t，使用了 18 000 多个电子管，每秒能完成 5 000 次加法运算，比当时最快的计算工具快 1 000 多倍，其最大特点是采用了电子元器件而不是机械装置等来执行运算、存储信息。ENIAC 是世界上第一台能真正运转的大型通用电子计算机，它的出现意义非凡，标志着电子计算机时代的到来，如图 1-11 所示。

图 1-11　ENIAC

ENIAC 并没有最大限度地挖掘电子技术的巨大潜力，其主要缺点有：存储容量小，且程序是"外插型"的，为了进行几分钟的计算，准备工作却需要几小时。

1945 年 6 月，冯·诺依曼（Von Neumann）教授提出了离散变量自动电子计算机（Electronic Discrete Variable Computer，EDVAC）的设计方案。该设计方案不仅指出计算机应具有运算器、控制器、存储器、输入设备和输出设备五个基本组成部分，而且描述了各部分的功能和相互关系，同时提出了"二进制"和"存储程序"这两个重要的思想。现在，我们使用的计算机仍基本遵循冯·诺依曼的设计思想。

1.1.5　思维与计算思维

从古至今，计算工具的每一次突破，都离不开人类的思维活动。思维活动不仅体现在个人分析和解决问题的过程中，而且始终存在于人类创造性的活动中，例如各种先进工具的发明与创造。同时，思维活动也影响着人类之间的交流、知识传承等各个方面。思维活动有三个关键特点：思维活动的载体是语言文字，思维活动的表达方式遵循一定的格式（即符合一定的语法和语义规则），思维活动要符合一定的逻辑。

科学思维（Scientific Thinking）指经过感性阶段获取的大量材料通过整理和改造，形成概念、判断和推理，以便反映事物的本质和规律。科学思维是大脑对科学信息的加工活动。科学思维的要求：思维要与客观实际相符；思维要遵循形式逻辑的规律和规则；思维要具有创新性。

科学研究的方法有理论研究、实验研究和计算研究，与之相对应的理论科学、实验科学和计算科学成为推动人类文明进步和科技发展的主要途径。三大科学研究的思维是理论思维、实验思维和计算思维。

（1）理论思维又称推理思维，以推理和演绎为特征，以数学学科为代表。

（2）实验思维又称实证思维，以观察和总结自然规律为特征，以物理学科为代表。

（3）计算思维又称构造思维，以设计和构造为特征，以计算机学科为代表。

这三种思维模式各有特点，相辅相成，共同组成了人类认识世界和改造世界的基本科学思维内容。

1.2　计算思维的概念与特征

计算思维被认为是除理论思维、实验思维外，人类应具备的第三种思维方式。什么是计算思维？它具备什么特征呢？

1.2.1　计算思维的概念

2006 年 3 月，时任美国卡内基·梅隆大学计算机系主任的周以真（Jeannette M.Wing）

教授（见图 1-12）在美国《ACM 通讯》（*Communications of The ACM*）杂志上发表了一篇题为《计算思维》（Computational Thinking）的论文（见图 1-13），明确提出计算思维的概念。周以真教授认为，计算思维指运用计算机科学的基础概念去求解问题、设计系统和理解人类行为，它包括一系列广泛的计算机科学的思维方法。

图 1-12　周以真教授

图 1-13　周以真教授论文的部分截图

美国计算机学会（Association of Computing Machinery，ACM）前主席彼得·杰姆斯·丹宁（Peter James Denning）教授认为：计算是一门关于信息处理的科学。如果将不同学科领域存在的问题当作一个计算问题，从计算的角度来揭开这些问题的神秘面纱，就有可能推动这些领域的发展（见图 1-14）。

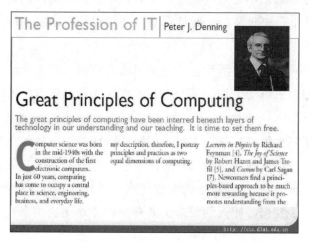

图 1-14　丹宁教授的观点

正如印刷术推动了人类阅读、写作和算术能力的发展一样，计算和计算机的广泛应用促使计算思维能力成为每个人必备的基本技能，而不仅仅是计算机科学家的专属技能。计算思维已经在其他学科中产生了影响，而且这种影响在不断拓展和深入。计算机科学与生物、物理、化学甚至经济学相结合，产生了新的交叉学科，改变了人们认识世界的方法。例如，计算生物学正在改变生物学家的思考方式，计算博弈理论正在改变经济学家的思考方式，纳米计算正在改变化学家的思考方式，量子计算正在改变物理学家的思考方式。

1.2.2 计算思维的特征

计算思维的具体特征如下。

（1）计算思维是概念化，不是程序化。计算机科学不等于计算机编程，所谓计算思维的含义远远超出计算机编程，其能够在多个抽象层次上进行思维。

（2）计算思维是根本的技能，不是刻板的技能。计算思维作为一种根本技能，现代社会中每个人都必须掌握。刻板的技能只意味着机械的重复，但计算思维不是这类机械重复的技能，而是一种创新的能力。

（3）计算思维是人的思维方式，而不是计算机的思维方式。计算思维是人类求解问题的重要方法，而不是要求人像计算机那样思考。计算机是一种枯燥、沉闷的机械装置，只有在人类的操控下才能发挥作用，一切科学活动都是基于人类思维开展的。

（4）计算思维源自数学思维和工程思维，但又区别于它们。计算思维在本质上源自数学思维，像所有的科学一样，其形式化基础建构于数学之上。计算思维从本质上也源自工程思维，因为其建构的是能与实际世界互动的系统。计算思维比数学思维更加具体、更加受限。一方面由于受到底层计算设备和运用环境的限制，计算机科学家必须从计算角度思考，而不能只从数学角度思考。另一方面，计算思维比工程思维有更大的想象空间，可以运用计算技术构建出超越物理世界的各种系统。

（5）计算思维是思想，不是人造物。计算思维不仅体现在人们日常生活中随处可见的软件、硬件等人造物上，更重要的是，计算思维还可以用于求解问题、管理日常生活、与他人交流和互动等。

（6）计算思维面向一切人类活动。当计算思维真正融入人类活动，成为人人都掌握、处处都会被使用的问题求解的工具，甚至不再表现为一种显式哲学的时候，计算思维就将成为一种现实。

计算思维吸取了三种思维方法：①解决问题所采用的一般数学思维方法；②现实世界中巨大复杂系统的设计与评估的一般工程思维方法；③复杂性、智能、心理、人类行为的理解等的一般科学思维方法。计算思维的主要优点是其建立在计算过程的能力和限制之上，由机器执行。计算方法和模型使人们敢于去处理那些原本无法由个人独立完成的问题求解和系统设计。

1.3 计算思维的发展与应用领域

随着科学技术的发展，人们对社会的实践和认识越来越深入，在此过程中产生的数据会越来越多，面对如此众多的数据，我们需要采用更加先进的计算手段。计算机的产生，使人们可以存储和处理大规模的数据。同时，人们的思维方式也发生着改变，计算机与社会（自然）的融合越来越深入。计算思维是人类科学思维中，以抽象化和自动化，或者说以形式化、程序化和机械化为特征的思维形式，是科学研究、认识社会和自然的重要思维模式。依靠计算思维、计算手段来发现和预测规律成为不同学科的科学家进行研究活动的重要方式。

1.3.1　计算思维的发展

2006 年，"计算思维"概念的首次提出，就对美国乃至全球科学界和教育界产生了重大的影响。

2007 年，美国的国家科学基金会（National Science Foundation，NSF）启动了振兴美国计算教育的国家计划（CISE Pathways to Revitalized Undergraduate Computing Education，CPATH），旨在通过计算思维从根本上改变美国大学计算教育的现状。

2008 年，周以真教授发表的论文《计算思维和关于计算的思维》（Computational Thinking and Thinking about Computing）论述了计算思维的本质。

2008 年，美国 NSF 启动了涉及所有学科的以计算思维为核心的国家科学研究（Cyber-Enable Discovery and Innovation，CDI）计划，将计算思维拓展到美国各个研究领域，使科学和工程领域及社会经济技术等的思维范式发生根本性的改变，以产生更多的财富，并最终提高人们的生活质量。

2011 年，美国 NSF 又启动了 CE21（The Computing Education for The 21st Century）计划，该计划建立在 CPATH 基础上，目的是提高中小学和大学一、二年级教师与学生的计算思维能力。

2015 年 12 月 10 日，美国颁布了《让每个学生取得成功》（Every Student Succeeds Act）法案，将以计算思维培养为核心的计算机科学提高到与数学、英语等同的重要地位，并投入巨资在美国国内广泛推行。

在我国，计算思维的重要性同样引起了科学界和教育界的高度重视，从 2008 年开始，教育部组织了数十场各种类型的专题研讨，以提高国内计算思维科学的研究和教育水平。在 2017 版《普通高中信息技术课程标准》中，也明确提到了要学生了解计算思维，具备用基本计算思维方法解决问题的能力等内容。

1.3.2　计算思维的应用领域

在信息技术高度发展的今天，计算思维越来越深刻地体现在各个方面，它不仅渗透到每个人的生活中，而且影响了各学科的发展，甚至因此创造和形成了一系列新的学科分支。

1. 计算生物学

计算生物学是一门集生命科学与数理科学于一体的新兴学科。生命现象的高度复杂性和日益积累的各种数据，仅依靠观察和实验已难以应付，必须依靠大规模计算技术，从海量信息中提取有用的数据。用计算机作为工具，以数学的逻辑描述并模拟出生物的奇妙世界，运用计算思维解决生物问题已是大势所趋。

2. 脑科学

脑科学是研究人脑结构与功能的综合性学科，以揭示人脑高级意识功能为宗旨，与教育学、心理学、人工智能、认知学以及创造学等学科相互紧密联系和交叉渗透。其通过脑成像技术，对大脑的研究扩展至记忆、注意力、决定等方面的研究。在某些情况下，脑成像技术甚至能够识别研究对象所见到的图像或者阅读的词语。

3. 计算化学

计算化学是根据基本的物理、化学理论，以大量数值的运算方式来探讨化学系统的性质的学科。计算化学主要以分子模拟为工具实现各种核心化学的计算问题，架起了理论化学与实验化学之间的桥梁。

计算化学主要的研究方向是化学中的数值计算、化学模拟、化学中的模式识别、化学数据库及检索、化学专家系统等。

另外，计算思维还被应用到新闻、机器学习等各个领域，在此不再赘述。

1.4　计算思维的结构与本质

1.4.1　计算思维的结构

2003 年 11 月，丹宁教授在《ACM 通讯》杂志上发表的论文《伟大的计算原理》（Great Principles of Computing）中列出了五大计算原理：计算、通信、协作、自动化、记忆。2009 年 6 月，他又在该杂志上发表论文《超越计算思维》，增加了评估和设计两大原理。根据丹宁教授和其他学者的观点，可以总结出计算思维的表达体系，如图 1-15 所示。

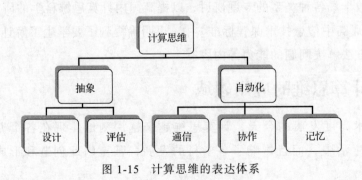

图 1-15　计算思维的表达体系

2010 年，周以真教授给出了计算思维的结构框架图，如图 1-16 所示。计算思维的基本思想是将问题抽象，通过设计算法和程序后，形成应用语言或高级语言，然后由计算机自动编译或解释为机器语言后自动执行并给出结果。

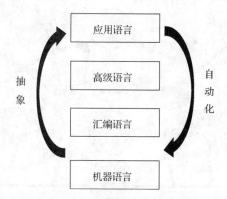

图 1-16　计算思维的结构框架图

1.4.2　计算思维的本质

计算思维的本质是"两个 A"——抽象（Abstraction）和自动化（Automation），前者对应建模，后者对应模拟。抽象与自动化相辅相成，抽象可以实现自动化的抽象，而自动化是对抽象的自动化。计算思维的"两个 A"反映了计算的根本问题，即什么能被有效地自动执行。从操作层面讲，计算就是如何用一台计算装置求解问题，即确定合适的抽象，选择合适的计算装置解释执行该抽象，就是自动化。

简单来讲，与数学和物理学相比，计算思维中的抽象更为丰富和复杂。数学抽象的特点是抛开现实事物的物理学、化学和生物学等特性，仅保留其量的关系和空间的形式，而计算思维中的抽象不仅仅如此。计算思维中的抽象最终是要求能够一步一步地自动执行，即实现自动化。这就需要在抽象的过程中进行精确的符号化和建模。

自动化是将抽象过的问题由计算机来自动运行，给出结果，这就涉及算法、程序设计、程序运行等问题。实现自动化一般不是单个部件可以完成的，涉及通信、协作等问题，而处理问题的过程中的程序、数据，执行过程的中间结果和状态等，涉及记忆的问题。另外，对计算思维解决问题的方法的评价，涉及算法设计评价、系统设计评价等问题。

1.5　计算思维的基本内容

2013 年 2 月，哈尔滨工业大学战德臣教授通过构建计算思维教育空间，提出了计算之树（见图 1-17），从计算技术与计算系统的发展角度阐述了计算思维的核心，给出了计算思维面对的知识空间，进而通过分析学生未来对计算思维能力的需求，给出了计算思维课程教学的内容体系。计算思维的基本内容如下。

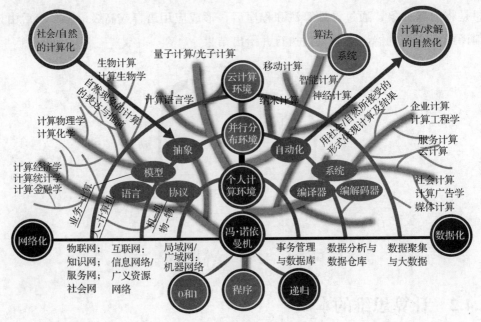

图 1-17　计算之树

1.5.1　计算技术与计算系统的奠基性思维

计算技术与计算系统的具有奠基性地位的思想是"0 和 1"的思维、"程序"的思维和"递归"的思维，这些思想对于研究各种计算手段有重要的影响。

1. "0 和 1"的思维

计算机的本质是以 0 和 1 为基础来实现的。这种"0"和"1"的思想体现了"语义符号化→符号计算化→计算 0、1 化→0、1 自动化→分层构造化→构造集成化"的思维，体现了软件与硬件之间基本的连接纽带，体现了如何将"社会/自然"问题变成"计算问题"，进一步变成"自动计算问题"的基本思维模式，是基本的抽象与自动化机制，是一种重要的计算思维。

2. "程序"的思维

问题由计算机系统来解决，由计算机系统实现，需要将问题涉及的数据进行一系列动作并控制这些动作的执行，而对基本动作的控制就是指令，指令的各种组合及其次序就是程序。指令与程序的思维体现了基本的抽象、构造性的表达与自动执行思维。计算机系统就是能够执行各种程序的机器或系统，也是一种重要的计算思维。

3. "递归"的思维

计算机系统的一大优势就是可以实现大量重复性的计算。而递归正是以自相似方式或者自身调用的方式不断重复的一种处理机制，是以有限的表达方式来表达无限对象实例的一种方法，是典型的构造性表达手段与重复执行手段，它体现了计算技术的典型特征，是实现问题求解的一种重要的计算思维。

1.5.2　通用计算环境的进化思维

通用计算环境的进化思维指计算系统的发展和进化，它体现出的思维方式，对于专业化计算手段的研究有重要的意义。

从 ENIAC 不能存储程序、程序不能自动执行，到冯·诺依曼机可以存储程序和程序自动执行，这个过程体现的是程序如何存储、如何执行的基本思维。

从单机计算环境到并行和分布计算环境，都体现了程序在单个操作系统协助下由硬件执行的基本思维，以及网络环境下如何利用多核、多存储器，在操作系统协助下程序由硬件并行、分布执行的思维。

当今云计算的发展，体现了按需索取、提供、使用的一种计算资源虚拟化、服务化的基本思维。

理解计算环境的进化思维，对计算环境的创新和基于先进计算环境的跨学科创新都有重要的意义，它是一种重要的计算思维。

1.5.3　问题求解思维

从一个事物或事件中洞析和发现问题并提出问题，到抽象归纳出解决问题的算法，直至最终解决问题的整个思维过程，正是计算思维的问题求解的全过程。利用计算手段进行问题求解，主要包含两个方面：算法和系统。

其中，算法是计算的"灵魂"，问题求解的关键是构造与设计算法。算法是一个有穷规则的集合，这些规则就是解决问题的步骤序列，设计算法需要考虑计算的可行性与计算复杂度。

仅仅有算法是不够的，算法要在系统中运行，构造与设计系统，如何化复杂为简单，如何保障或提高系统的结构性、可靠性、安全性等，以保证问题求解的实现，这些都需要系统或系统科学思维。

1.5.4　计算与社会或自然环境的融合思维

1. 社会或自然的计算化

社会或自然的演化规律，可以通过计算化来实现。其基本过程是：将社会或自然现象进行抽象，表达成可以计算的对象，构造这种对象的算法和系统，来实现社会或自然的计算，进而通过这种计算分析其演化的规律等。

2. 计算求解的自然化

用社会或自然所能接受的形式或者与其相一致的形式来展现计算及求解过程与结果。例如，将结果以听觉、视觉化的形式展现，即多媒体形式；以触觉形式展现，即虚拟现实；以现实世界可感知的形式展现，即自动控制等。

1.5.5 网络化思维与数据化思维

1. 网络化思维

计算与社会自然环境的融合促进了网络化社会的形成，由计算机构成机器网络，由网页等构成信息网络，再到物联网、数据网、服务网、社会网等，形成了以物-物互连、物-人互连、人-人互连为特征的网络化环境，极大地改变了人们的思维方式，影响着人们的工作和生活。

2. 数据化思维

用数据说话、用数据决策、用数据创新已形成社会的一种常态和共识。数据不仅被视为知识的来源，也被认为是一种财富。计算系统由早期的数据计算，发展为面向事务数据的管理（数据库），再到面向分析的数据仓库与数据挖掘，再到当前的"大数据"，极大地改变了人们对数据的认识，一些看起来不太可能实现的事情，在"大数据"环境下已经成为可能。

1.6 学习计算思维的必要性

当我们求解一个特定的问题时，会寻求这个问题的最佳解决方法。人们利用计算机寻找最佳解决方案时，需考虑的因素包括机器的指令系统、资源约束和操作环境等。

为了有效地求解一个问题，我们往往需要进一步考虑：一个近似解是否就够了，是否可以利用一下随机化，以及是否允许误报和漏报。计算思维就是通过约简、嵌入、转化和仿真等方法，把一个看似困难的问题重新阐释成一个我们知道怎样解决的问题。

计算思维在很多学科都起到了重要作用。例如，计算机已经改变了统计学。用计算机统计各类问题的规模在几年前还是不可想象的，而计算机科学对生物学的贡献绝不限于其能够在海量序列数据中搜索寻找模式规律，计算生物学正在改变生物学家的思考方式。

计算机对人类社会的影响越来越深刻，计算思维正在慢慢成为每个人的基本技能，不仅仅属于计算机科学家，每个人都应当掌握阅读、写作和算术，还要学会计算思维。

考虑下面日常生活中的事例：当你早晨去学校时，把当天需要的东西放进背包，这就是预置和缓存；当你弄丢手套时，同学建议你沿走过的路寻找，这就是回推；选择何时不用租滑雪板而是自己买一副，这就是在线算法；在超市付账时，你选择去排哪个队，这就是多服务器系统的性能模型；停电时固定电话仍然可用，这就是失败的无关性和设计的冗余性。

计算思维将渗透到每个人的生活之中，诸如"算法"和"前提条件"这些词汇将成为每个人日常语言的一部分，对"非确定论"和"垃圾收集"这些词的理解会和计算机科学里的含义趋近。

　　无论是大学新生还是高中学生，都需要学习一门"怎样像计算机科学家那样思考"的课程，使其接触计算的方法和模型，激发学生对计算机领域科学探索的兴趣，传播计算机科学的力量，使计算思维成为常识。在不远的将来，计算思维方法必将与各个学科结合，像手机一样普遍被人们所使用。

作业与实践

1. 查找资料，了解计算工具发展的历史和特点。
2. 你所了解的计算机应用有哪些？请举例说明。
3. 计算思维的特点是什么？其基本结构是什么？
4. 学习计算思维的必要性是什么？

第2章
计算思维之抽象

如第 1 章中所述，计算思维的本质是"两个 A"——抽象（Abstraction）和自动化（Automation）。前者对应建模，后者对应模拟。本章重点介绍抽象。

计算思维中的抽象完全超越物理的时空观，并完全用符号来表示，其中，数字抽象只是一类特例。与数学和物理科学相比，计算思维中的抽象显得更为丰富，也更为复杂。数学抽象的最大特点是抛开现实事物的物理、化学和生物学等特性，而仅保留其量的关系和空间的形式，而计算思维中的抽象却不仅仅如此。

计算思维反映了计算的根本问题，即什么能被有效地自动进行。计算是抽象地自动执行，自动化需要某种计算机去解释抽象。从操作层面上讲，计算就是如何寻找一台计算机去求解问题，隐含地说就是要确定合适的抽象，选择合适的计算机去解释执行该抽象，后者就是自动化。

抽象是从考虑的问题出发，通过对各种经验事实的观察、分析、综合和比较，在人们的思维中撇开事物现象的、外部的、偶然的方面，抽出事物本质的、内在的、必然的方面，从空间形式和数量关系上揭示客观对象的本质和规律，或者抽出其某一种属性作为新的抽象对象，以此表现事物本质和规律的一种解决方法。即抽象是从众多的事物中抽取出共同的、本质性的特征，而舍弃其非本质的特征。例如，苹果、葡萄、草莓、香蕉、梨、桃子等，它们共同的特性就是水果。得出水果概念的过程，就是一个抽象的过程（见图 2-1）。进行抽象前，首先确定要解决的问题，这决定了抽象的结果。例如，"点"的概念是从现实世界中的水点、雨点、起点、终点等具体事物中抽象出来的，它舍弃了事物的各种物理、化学等性质，不考虑其大小，仅仅保留其表示位置的性质。如果换一个领域解决其他问题，比如研究雨滴的物理特性，抽象的结果就完全不同。

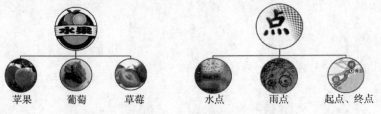

苹果   葡萄   草莓   水点   雨点   起点、终点

图 2-1 抽象出"水果"和"点"的概念

　　抽象是广泛存在的，计算思维中的抽象完全超越物理的时空观，可以完全用符号来表示，其中，数字抽象只是一类特例，我们学的数学就是一种对现实事物高级的抽象。与数学相比，计算思维中的抽象显得更为丰富，也更为复杂。由前面的论述得知，数学抽象的特点是抛开现实事物的物理、化学和生物等特性，仅保留其量的关系和空间的形式，而计算思维中的抽象却不仅仅如此。例如，堆栈是计算学科中常见的一种抽象数据类型，这种数据类型就不可能像数学中的整数那样进行简单的相"加"。算法也是一种抽象，也不能将两个算法简单地放在一起实现一种并行算法。

　　计算思维中的抽象最终是要能够机械地一步步自动执行。为了确保机械的自动化，就需要在抽象过程中进行精确和严格的符号化和建模。

2.1　信息符号化

　　计算机要对数据进行存储和处理，就必须将各种信息编码数字化以后存储到计算机中，再通过各种应用软件才能对数据进行识别、分析和处理。在目前的计算机系统中，这些数据都是先被转换成 0 或者 1 的二进制形式，也就是二进制编码。本节主要介绍常用数制及其相互转换、信息编码。通过本节的学习，我们可以了解数值型信息与非数值型信息是怎样进行符号化的，以初步建立抽象、符号化的概念。

2.1.1　一个猜数小游戏

　　我们经常会见到类似"神机妙算——不用你开口，能测君姓氏"这样的小魔术，可信吗？为理解其中原理，我们先来看一个猜数游戏。

　　首先，请你心中默想一个 1～15 的数。

　　接着，请你告诉我在图 2-2 的 4 张卡片中哪几张包含你想的那个数。

图 2-2　猜数游戏卡片

最后，我不费吹灰之力就能猜出你心中默想的数是几。

这个猜数游戏里有什么门道呢？

其实，这个游戏与二进制有关系：每一张卡片标识一个二进制位，如果数字在该卡片上，则表示该位为1，否则为0。

例如，你默想数字9，只要你告诉我数字在卡片①和④中都有，我就可以猜出是9，因为9的二进制表示为1001，对应到卡片中为有、无、无、有。

再如，你告诉我这个数字在卡片②、③、④中有，我就可以猜出你默想的数字是14，因为14的二进制表示为1110，对应到卡片中为有、有、有、无。

同样的道理，我们把姓氏写到卡片上，就可以给人"算姓氏"了。

如果你告诉我图2-3中哪几张卡片内含有你的姓，我就立刻能"算"出你的姓氏。道理与上述猜数游戏相同。

图2-3 "算姓氏"卡片

所以，其实"神机妙算——不用你开口，能测君姓氏"与"神机妙算"无关，它是一道二进制的问题。

为什么二进制数1001表示十进制数9，二进制数1110表示十进制数14呢？下面将进行讲解。

> **? 思考**：如果把百家姓都计算在内，需要多少张卡片？

2.1.2 进位计数制

1. 简介

所谓进位计数制，是指用进位的原则进行计数的一种方法，简称数制或进制。它有两个基本要素：基数和位权。

基数是指使用的数字符号的数目。R进制中有R个数字：0，1，2，…，$R-1$，即R进制的基数为R。例如，用来表示十进制的数字有10个，即十进制的基数为10；二进制的基数为2，用来表示二进制的数字有2个：0和1。

处在不同位置的数字代表的数值不同，而且数字在某个固定位置上代表的值是确定的，我们称这个固定位上的值为位权。例如，十进制 2328 中的两个 2 分别表示 $2×10^3$、$2×10^1$。一个十进制数各位的权是以 10 为底的幂，一个 N 进制数各位的权是以 n 为底的幂。

2．人类习惯使用的进制——十进制

我们从小学习的是十进制，而且不难发现，阿拉伯数字、罗马数字等大多数的记数方法都选择了十进制，而不是更简单的二进制，这是为什么呢？

（1）为什么我们习惯使用十进制

目前对于人类使用十进制普遍认同的观点是：为了最大化利用我们自身的天然计算工具——10 根手指，所以采用了十进制。该观点认为，在远古时代，因为生产力十分低下，人类并没有对于大数字运算的要求，仅仅是一些简单应用，如数猎物等，这样用最简单自然的"掰指头"的方式就可以记得更清楚，如图 2-4 所示。后来，随着猎物数目逐渐增加，10 根手指慢慢满足不了要求，聪明的人类就学会了用逢十进一这种方式来达到更大数目的计算。就这样一代传一代逐渐被整个人类社会使用。

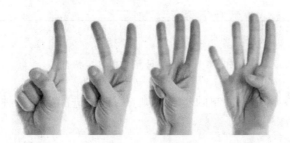

图 2-4　用手指计数

所以，人们普遍更认同十进制，一个重要原因就是习惯，因为我们从小接受的教育就是使用十进制数进行计算，于是就习惯了十进制数的运算。

（2）十进制的基数、位权和按位权展开

我们用基数和位权的形式来表达十进制：十进制的基数是 10，用 0、1、2、3、4、5、6、7、8、9 十个数字表示所有的数，其特点为逢十进一。十进制数用末尾加字符 D 或加下标 10 来表示，如 365.12D、$(365.12)_{10}$，也可省略 D 或下标，直接写为 365.12。

十进制数 365.12 按位权展开为

$$365.12D=3×10^2+6×10^1+5×10^0+1×10^{-1}+2×10^{-2}$$

按位权展开的意思是，每一位上的数字乘以该位的权值之和。

3．计算机中使用的进制——二进制

我们都知道，计算机内部保存数据、处理程序采用的都是二进制。既然人们都习惯使用十进制，为什么计算机中却采用二进制呢？它有什么优势吗？二进制如何表示呢？

（1）计算机采用二进制的原因

① 技术上容易实现。计算机使用二进制表示信息，一个重要的原因是二进制物理上更

容易实现。因为电子元器件大多具有两种稳定状态，例如电压的高和低、磁性的有和无、晶体管的导通和截止等。如果采用十进制，就需要用硬件实现 10 种稳定状态，这是非常困难的，更不用说进行各种运算了。

② 可靠性高，抗干扰能力强。如果要让计算机使用十进制，首先，应该让计算机能够识别出 10 个状态来对应十进制中的 10 个数字。假设最高电压是 5V，最低电压 0V，那么每种状态的电压区间约为 0.556V，如图 2-5 所示，相隔较小，如果因外界干扰电压有波动，容易造成数据不准确。使用二进制就不会有这么小的区间（见图 2-6），易于辨识，不易出错。

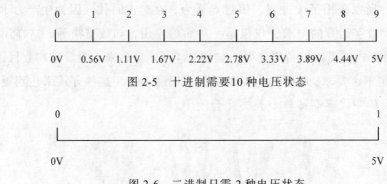

图 2-5　十进制需要10种电压状态

图 2-6　二进制只需 2 种电压状态

③ 运算规则简单。相比十进制的运算规则，两个二进制数的每种算术运算仅有 4 种运算规则。

二进制的加法规则：0+0=0，0+1=1，1+0=1，1+1=10（向高位进一位）。

二进制的减法规则：0-0=0，0-1=1（向高位借位），1-0=1，1-1=0。

二进制的乘法规则：0×0=0，0×1=0，1×0=0，1×1=1。

二进制的除法规则：0÷0=（无意义），0÷1=0，1÷0=（无意义），1÷1=1。

而十进制的运算规则要复杂许多，例如十进制的乘法运算就有 81 种规则（九九乘法表）。因此用二进制更有利于简化运算器等物理器件的设计。

④ 与逻辑量相吻合。二进制数 1 和 0 正好与逻辑量"真"和"假"相对应，因此用二进制数表示二值逻辑显得十分自然。

⑤ 二进制数与十进制数之间易转换。人们使用计算机时可以仍然使用自己习惯的十进制数，而计算机将其自动转换成二进制数存储和处理，输出处理结果时又将二进制数自动转换成十进制数，这会给工作带来极大的方便。

综上，计算机内采用二进制表示、处理和存储信息是自然的选择。

（2）二进制的基数、位权和按位权展开

我们用基数和位权的形式来表达二进制：二进制的基数是 2，用 0、1 两个数码表示所有的数，其特点为逢二进一。二进制数用末尾加字符 B 或加下标 2 来表示，如 101.01B 或 $(101.01)_2$。

二进制数 101.01B 按位权展开为

$$101.01B=1\times2^2+0\times2^1+1\times2^0+0\times2^{-1}+1\times2^{-2}$$

二进制比十进制更简单，为什么我们生活中不使用二进制呢？

这是因为虽然二进制的运算规则简单，但要表达一个较大的数据时，需要用很长的一串数据，如十进制的 10000，写成二进制为 10011100010000，达到 14 位数之多！显然不易识别和记忆。

> **?思考：** 既然二进制比十进制更简单，为什么我们生活中不使用二进制呢？

4. 其他的进制方式

除了我们常用的十进制和计算机使用的二进制外，生活中还有哪些进制呢？

（1）八卦中的八进制

八卦由阳爻（yáo）"—"和阴爻"- -"组成，如图 2-7 所示。三个这样的符号能组成八种形式，叫作八卦。

八个卦形分别为：乾（qián）、兑（duì）、离（lí）、震（zhèn）、巽（xùn）、坎（kǎn）、艮（gèn）、坤（kūn），如图 2-8 所示。八卦亦称经卦、单卦、三爻卦、小成之卦。每一卦代表一定的事物。乾代表天，兑代表泽，离代表火，震代表雷，巽代表风，坎代表水，艮代表山，坤代表地。八卦互相组合又得到六十四卦，用来象征各种自然现象和人事现象。八卦代表了早期中国的哲学思想，它被应用到中医、武术、音乐、数学等方面。

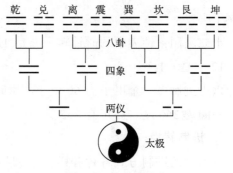

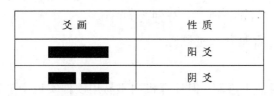

图 2-7　八卦的阳爻和阴爻　　　　图 2-8　八卦的含义

可以看出，八卦有 8 种状态。用基数和位权的形式来表达，八进制基数是 8，用 0、1、2、3、4、5、6、7 八个数码表示所有的数，其特点为逢八进一。八进制数用末尾加字符 O 或加下标 8 表示，如 723.26O 或 $(723.26)_8$。

八进制数 723.26O 按位权展开为

$$723.26O=7\times8^2+2\times8^1+3\times8^0+2\times8^{-1}+6\times8^{-2}$$

（2）半斤八两：十六进制

"半斤八两"是一个汉语成语，意思指彼此不相上下，实力相当。它源自我国十六进制的古衡器流行时期，因为旧制的重量单位中，1斤折合16两。目前我国的台湾、香港等地区仍然沿用1斤为16两的进制方式。

据民间传说，秦始皇统一六国之后，负责制定度量衡标准的是丞相李斯。李斯很顺利地制定了钱币、长度等方面的标准，但在重量方面没了主意，他实在想不出到底要把多少两定为一斤才比较好，于是向秦始皇请示。秦始皇写下了四个字的批示："天下公平"，算是给出了制定的标准，但并没有确切的数目。李斯为了避免以后在实行中出问题而遭到罪责，决定把"天下公平"这四个字的笔画数作为标准，于是定出了一斤等于十六两，这一标准在此后2000多年一直被沿用。

还有一个说法是，十六两秤又叫十六金星秤，是由北斗七星、南斗六星、福禄寿三星组成十六两的秤星，告诫做买卖的人要诚实信用，不欺不瞒，否则，短一两无福，少二两少禄，缺三两折寿。

除了1斤等于16两，还有英制单位中的1磅等于16盎司，这些都是十六进制。

我们约定，十六进制用0、1、2、3、4、5、6、7、8、9、A、B、C、D、E、F十六个数码表示所有的数，基数是16。其特点为逢十六进一。十六进制数用末尾加字符H或加下标16表示，如A39.C6H或（A39.C6）$_{16}$。

十六进制数A39.C6H按位权展开为

$$A39.C6H=A×16^2+3×16^1+9×16^0+C×16^{-1}+6×16^{-2}$$

（3）生活中各种各样的进制

如果一个学期是16个星期，那么就是十六进制：1学期=16周。生活中还有其他进制的例子吗？

十二进制：钟表中的时针转一圈是12小时、12个月是一年、12个是一打……

? 思考：你还能举出哪些进制方式？

六十进制：一个甲子为60年、一小时为60分钟、一分钟为60秒。

一圈为360度、一年有365天……这些都是什么进制呢？

5. 进制转换

生活中的进制方式各种各样，人们最习惯十进制，但计算机内不易用硬件实现十进制。计算机只认识二进制，但二进制不易于人们识别和记忆。

另外，为了减少书写的复杂性、读起来更直观，在程序编写时又引入了八进制和十六进制。这两种进制方式一方面方便人们读写，另一方面，它们与二进制之间的转换也很自然（1位八进制数对应3位二进制数、1位十六进制数对应4位二进制数）。可以说，八进制或十六进制缩短了二进制数，但保持了二进制数的表达特点。

不同的进制方式各有利弊，我们经常需要在不同的进制之间转换。

十进制、二进制、八进制、十六进制之间的对应关系如表2-1所示。

表 2-1　　　　　　　十进制、二进制、八进制、十六进制之间的对应关系

十进制	二进制	八进制	十六进制	十进制	二进制	八进制	十六进制
1	**1**	1	1	11	1011	13	B
2	**10**	2	2	12	1100	14	C
3	11	3	3	13	1101	15	D
4	**100**	4	4	14	1110	16	E
5	101	5	5	15	1111	17	F
6	110	6	6	16	**10000**	20	10
7	111	7	7	17	10001	21	11
8	**1000**	10	8	18	10010	22	12
9	1001	11	9	19	10011	23	13
10	1010	12	A	20	10100	24	14

要特别留意，表 2-1 中 4 位二进制数 1111，不同位数上的 1 代表的位权是不同的，分别对应十进制数 8、4、2、1，如图 2-9 所示。

$$
\begin{array}{cccc}
1 & 1 & 1 & 1 \\
\uparrow & \uparrow & \uparrow & \uparrow \\
8 & 4 & 2 & 1 \\
\uparrow & \uparrow & \uparrow & \uparrow \\
2^3 & 2^2 & 2^1 & 2^0
\end{array}
$$

图 2-9　二进制不同位数上的 1 代表的位权不同

例如，二进制数 1010 对应十进制数的 10（即第 4 位 8 与第 2 位 2 之和）；再如，十进制数 13 对应二进制数 1101，因为 8+4+1=13，分别对应二进制第 4 位、第 3 位和第 1 位。

（1）N 进制数转换为十进制数

把 N 进制数转换为十进制数，首先写出它的位权展开式，再按十进制运算规则求和即可。也就是把二进制数（或八进制数、十六进制数）写成 2（8 或 16）的各次幂之和的形式，然后再计算。

例如，将 1111001B、375.2O、FDH 转换为十进制数。

$$1111001B=1\times2^6+1\times2^5+1\times2^4+1\times2^3+0\times2^2+0\times2^1+1\times2^0=121$$

$$375.2O=3\times8^2+7\times8^1+5\times8^0+2\times8^{-1}=253.25$$

$$FDH=F\times16^1+D\times16^0=253$$

（2）十进制数转换为 N 进制数

十进制数的整数部分和小数部分在转换时需做不同的计算。整数部分的转换用"除以基数 N 倒序取余"的方法，小数部分的转换用"乘以基数 N 正序取整"的方法。

例如，将 25.745 转换成二进制数，精确到 4 位小数，转换过程如下：首先转化 25.745 的整数部分，用"除以基数 2 倒序取余"的方法进行转换，过程如下。

```
2 │    25       余数
  2 │    12       1        K0=1（最低位）
    2 │    6       0        K1=0
      2 │    3       0      K2=0          ↑ 倒
        2 │    1       1    K3=1            序
            0       1      K4=1（最高位）
```

即 25=11001B。

再将小数部分 0.745 转化成二进制数，用"乘以基数 2 正序取整"的方法进行转换，过程如下。

$$
\begin{array}{ll}
0.745 \times 2 = 1.490 & \text{取出整数1（最高位）} \quad \text{余0.490} \\
0.490 \times 2 = 0.980 & \text{取出整数0} \quad \text{顺} \quad \text{余0.980} \\
0.980 \times 2 = 1.960 & \text{取出整数1} \quad \text{序} \quad \text{余0.960} \\
0.960 \times 2 = 1.920 & \text{取出整数1（最低位）} \quad \text{余0.920} \\
0.920 & \text{转换结束}
\end{array}
$$

所以，25.745=11001.1011B。

其中，小数部分的转换过程中，第四次乘积的小数不为 0，但已经满足所要求的精度，所以，25.745 ≈ 11001.1011B。显然，在转换的过程中，做的乘法次数越多，结果就越精确。

仿照上述方法可以将十进制数转换为任意 N 进制数，如将十进制数 150 分别转换为八进制数和十六进制数，采用"除以基数 2 倒序取余"的方法，得出 150=226O=96H。

$$
\begin{array}{r|l}
8 & 150 \quad \text{余数} \\
8 & 18 \cdots\cdots 6 \\
8 & 2 \cdots\cdots 2 \\
& 0 \cdots\cdots 2
\end{array}
\qquad
\begin{array}{r|l}
16 & 150 \quad \text{余数} \\
16 & 9 \cdots\cdots 6 \\
& 0 \cdots\cdots 9
\end{array}
$$

（3）二进制数与八进制数的相互转换

二进制数转换为八进制数的方法是"三位合一"：将二进制数从小数点开始，对二进制数的整数部分向左每 3 位分成一组，不足 3 位的向高位补 0；对二进制数的小数部分向右每 3 位分成一组，不足 3 位的向低位补 0；将每组的 3 位数分别转化为八进制数。

例如，把二进制数 1010011.0101B 转换为八进制数。

$$
\underline{001} \quad 010 \quad 011 \quad . \quad 010 \quad \underline{100}
$$
$$
\downarrow \quad\quad \downarrow \quad\quad \downarrow \quad\quad\quad \downarrow \quad\quad \downarrow
$$
$$
1 \quad\quad 2 \quad\quad 3 \quad\quad\quad 2 \quad\quad 4
$$

所以，1010011.0101B=123.24O。

反之，将八进制数转换成二进制数，只要将每 1 位八进制数转换成相应的 3 位二进制数，并依次连接起来即可。

（4）二进制数与十六进制数的相互转换

二进制数转换为十六进制数的方法是"四位合一"：将二进制数从小数点开始，对二进制数的整数部分向左每 4 位分成一组，不足 4 位的高位补 0；对二进制数的小数部分，从小数点开始向右每 4 位分成一组，不足 4 位的低位补 0；将每组 4 位数，分别转化为十六进制数。

例如，把二进制数 1010011.0101B 转换为十六进制数。

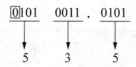

所以，1010011.0101B=53.5H。

反之，将十六进制数转换成二进制数，只要将每 1 位十六进制数转换成相应的 4 位二进制数，并依次连接起来即可。

（5）八进制数与十六进制数的相互转换

八进制数转换成十六进制数，可以先将八进制数转换为二进制数，再按照 4 位对 1 位的方法转换成十六进制数。

十六进制数转换成八进制数，可以先将十六进制数转换为二进制数，再按照 3 位对 1 位的方法转换成八进制数即可。

2.1.3　信息符号化

我们知道，为了简化电路设计并提高稳定性，计算机内部采用二进制表示信息。而在日常生活中，信息的表示形式多种多样，如数字、文本、声音、图片、音频、视频等，计算机可以处理多种多样的信息数据吗？答案是肯定的。那么在计算机内部，是如何表示和存储这些信息的呢？计算机由电子元器件组成，要表示各种数据，都必须经过编码，将其转化为二进制数的形式才能表示、处理和存储。

1. 数字编码

数值在计算机中的表示一般用 BCD 码。BCD 码是用 4 位二进制数来表示十进制数 0～9 这 10 个数码中的 1 位，它和 4 位自然二进制码相似，各位的权值为 8、4、2、1，故其称为 8421 BCD 码（简称 8421 码）。例如，十进制数 328 的 8421 码如表 2-2 所示。

表 2-2　　　　　　　　　　　十进制数 328 的 8421 码

十进制数	3	2	8
8421 码	0011	0010	1000

除此以外，计算机中的数字也可采取其他不同的编码方法，以适应不同的需求。

2. 字符编码

在计算机中，字符型数据占有很大比重，它们也需要用二进制进行编码才能存储在计算机中并进行处理。美国信息交换标准代码（American Standard Code for Information Interchange，ASCII）是 1968 年提出的西文字符编码，用在不同计算机硬件和软件系统中，实现数据传输标准化，大多数小型机和全部个人计算机都使用此码，后来其成为国际标准。ASCII 包括 0～9 共 10 个数字字符，大小写英文字母各 26 个，标点符号、运算符号等可打印字符，还有回车、换行等控制字符。它用一字节的低 7 位（最高位为 0）表示 128 个不同的字符。例如，字符"1""A""a"对应的 ASCII 值的十进制数分别为 49、65、97，如表 2-3 所示。

表 2-3 　　　　　　　　　　　　　　　　ASCII 表

二进制	十进制	十六进制	控制字符	二进制	十进制	十六进制	控制字符
00000000	0	0	NUL（空字符）	01000000	64	40	@
00000001	1	1	SOH（标题开始）	01000001	65	41	A
00000010	2	2	STX（正文开始）	01000010	66	42	B
00000011	3	3	ETX（正文结束）	01000011	67	43	C
00000100	4	4	EOT（传输结束）	01000100	68	44	D
00000101	5	5	ENQ（询问请求）	01000101	69	45	E
00000110	6	6	ACK（收到通知）	01000110	70	46	F
00000111	7	7	BEL（响铃）	01000111	71	47	G
00001000	8	8	BS（退格）	01001000	72	48	H
00001001	9	9	HT（水平制表）	01001001	73	49	I
00001010	10	0A	LF（换行）	01001010	74	4A	J
00001011	11	0B	VT（垂直制表）	01001011	75	4B	K
00001100	12	0C	FF（换页）	01001100	76	4C	L
00001101	13	0D	CR（回车）	01001101	77	4D	M
00001110	14	0E	SO（移位输出）	01001110	78	4E	N
00001111	15	0F	SI（移位输入）	01001111	79	4F	O
00010000	16	10	DLE（数据链路转义）	01010000	80	50	P
00010001	17	11	DC1（设备控制1）	01010001	81	51	Q
00010010	18	12	DC2（设备控制2）	01010010	82	52	R
00010011	19	13	DC3（设备控制3）	01010011	83	53	S
00010100	20	14	DC4（设备控制4）	01010100	84	54	T
00010101	21	15	NAK（拒绝接收）	01010101	85	55	U
00010110	22	16	SYN（同步空闲）	01010110	86	56	V
00010111	23	17	ETB（传输块结束）	01010111	87	57	W
00011000	24	18	CAN（取消）	01011000	88	58	X
00011001	25	19	EM（介质中断）	01011001	89	59	Y
00011010	26	1A	SUB（替补）	01011010	90	5A	Z
00011011	27	1B	ESC（退出）	01011011	91	5B	[
00011100	28	1C	FS（文件分隔符）	01011100	92	5C	\
00011101	29	1D	GS（分组符）	01011101	93	5D	]
00011110	30	1E	RS（记录分离符）	01011110	94	5E	^
00011111	31	1F	US（单元分隔符）	01011111	95	5F	_
00100000	32	20	SPACE（空格）	01100000	96	60	`
00100001	33	21	!	01100001	97	61	a
00100010	34	22	"	01100010	98	62	b
00100011	35	23	#	01100011	99	63	c
00100100	36	24	$	01100100	100	64	d
00100101	37	25	%	01100101	101	65	e
00100110	38	26	&	01100110	102	66	f
00100111	39	27	'	01100111	103	67	g
00101000	40	28	(	01101000	104	68	h
00101001	41	29	)	01101001	105	69	i
00101010	42	2A	*	01101010	106	6A	j
00101011	43	2B	+	01101011	107	6B	k
00101100	44	2C	,	01101100	108	6C	l
00101101	45	2D	-	01101101	109	6D	m
00101110	46	2E	.	01101110	110	6E	n
00101111	47	2F	/	01101111	111	6F	o
00110000	48	30	0	01110000	112	70	p
00110001	49	31	1	01110001	113	71	q
00110010	50	32	2	01110010	114	72	r
00110011	51	33	3	01110011	115	73	s
00110100	52	34	4	01110100	116	74	t
00110101	53	35	5	01110101	117	75	u
00110110	54	36	6	01110110	118	76	v
00110111	55	37	7	01110111	119	77	w
00111000	56	38	8	01111000	120	78	x
00111001	57	39	9	01111001	121	79	y
00111010	58	3A	:	01111010	122	7A	z
00111011	59	3B	;	01111011	123	7B	{
00111100	60	3C	<	01111100	124	7C	|
00111101	61	3D	=	01111101	125	7D	}
00111110	62	3E	>	01111110	126	7E	~
00111111	63	3F	?	01111111	127	7F	DEL（删除）

3. 汉字编码

汉字字符数繁多，字形复杂，因此计算机处理和存储汉字的过程较为复杂：从键盘输入汉字要使用输入码（如拼音、五笔字型、区位码等），输入码转换为由数字组成的交换码，再转换为汉字机内码（汉字在计算机内的唯一标识码），计算机才能对其处理、存储。为了输出汉字，还必须将机内码转换为汉字的字形码送到显示器或打印机，处理过程如图 2-10 所示。

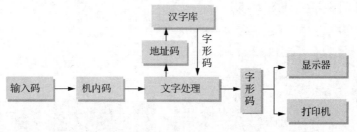

图 2-10　计算机汉字处理过程

（1）国标码

汉字字符数量较多，一般用连续的两字节（16 个二进制位）来表示一个汉字。

1980 年，我国颁布了第一个汉字编码的国家标准《信息交换用汉字编码字符集》（GB 2312—1980）基本集。该字符集共收入常用汉字 6 763 个（一级 3 755 个，二级 3 008 个）以及英俄日文字母等 682 个，共 7 445 个字符，是目前国内所有汉字系统的统一标准，故称其为国标码。国标码的每个字符由两字节代码组成，每字节最高位是 0，其他 7 位由不同的二进制数值构成。

（2）汉字机内码

在计算机内表示汉字的代码是汉字机内码，汉字机内码由国标码演化而来，把表示国标码的两字节的最高位分别加"1"，就变成汉字机内码。利用汉字机内码和 ASCII 可以实现计算机中的中、西文兼容。例如，汉字"计"的国标码和机内码如图 2-11 所示。

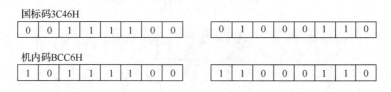

图 2-11　汉字"计"的国标码与机内码

（3）汉字输入码

汉字输入码也称作汉字外部码（外码），是为了将汉字输入计算机而编制的代码，是代表某一汉字的一级键盘符号。因输入法的不同而有不同的汉字输入码。不论是哪一种汉字输入方法，利用输入码将汉字输入计算机后，必须将其转换为汉字机内码才能进行相应的存储和处理。

根据编码规则，计算机上常用的汉字输入码可分为流水码（如国标码、电报码、区位码等）、音码（微软拼音、智能 ABC、搜狗、紫光等）、形码（五笔码、大众码等）和音形结合码（自然码、首尾码等）4 种。流水码整齐、简洁，没有重码，但编码和汉字属性之间没有直接的对应关系，用户难以记忆，一般用于输入特殊符号（见图 2-12）；音码容易掌握和普及，缺点是重码率高，影响输入速度（见图 2-13）；形码根据汉字的字形编码，重码少，输入速度快，但需要专门学习才能掌握（见图 2-14）；音形码输入速度快，重码少，仍然需要专门学习（见图 2-15）。

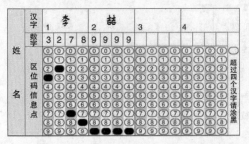

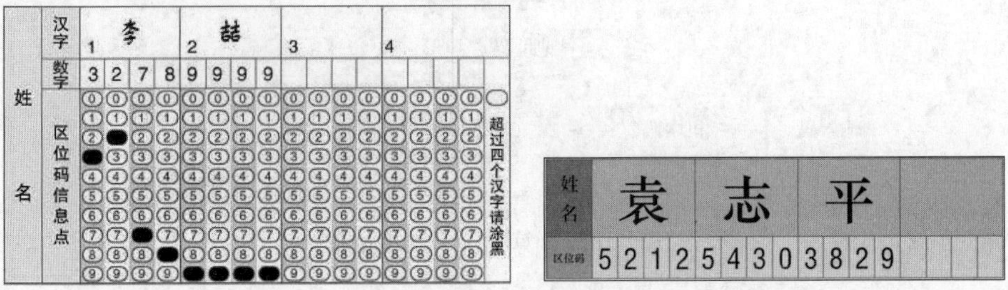

图 2-12　流水码——区位码示例

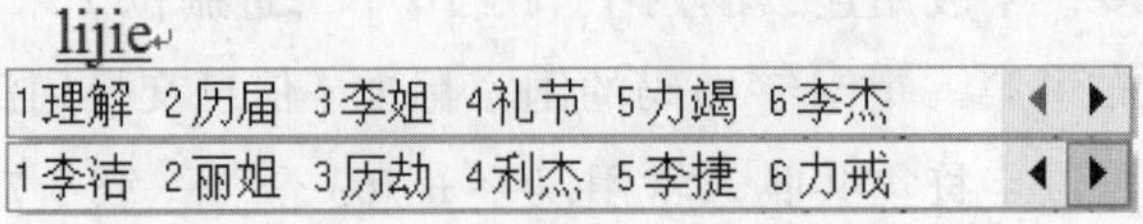

图 2-13　音码重码率示例

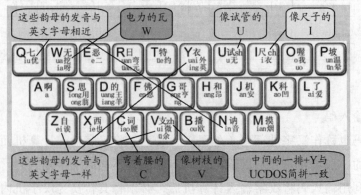

图 2-14　形码——五笔字型字根表

图 2-15　音形结合码——自然码双拼键位图

（4）汉字字形码

字形码是表示汉字字形的字模数据，供计算机在显示和打印时使用的汉字编码，是将汉字字形经过点阵数字化后形成的一串二进制数。点阵字形编码是一种最常见的字形编码，它用一位二进制码对应屏幕上的一个像素，字形笔画经过处的亮点用 1 表示，没有笔画经过处的暗点用 0 表示。每个汉字字形排成 M 行 N 列的矩阵，简称点阵。一个 M 行 N 列的点阵共有 $M \times N$ 个点。常用的点阵有 16×16、24×24、32×32、64×64 或更高。

在计算机中输出汉字时必须得到相应汉字的字形码，通常用点阵信息表示汉字的字形，所有汉字字形点阵信息的集合就称为汉字字库。一个 24×24 点阵的汉字字形码（见图 2-16）占用 72 字节的存储空间，而一个 48×48 点阵的汉字字形码占用 288 字节的存储空间。点阵越密，打印的字体越美观，占用的存储空间也就越大。

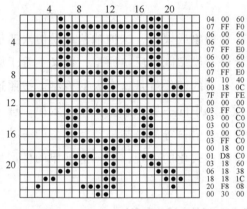

图 2-16　24×24 点阵的汉字字形码

4．多媒体信息编码

在计算机中，数值数据和字符数据都要转换成二进制数来存储和处理。同样，声音、图形、图像、视频等多媒体数据也要转换成二进制数，但多媒体信息都是模拟信号，具有时间连续和取值连续的特点。通常，采用采样、量化、编码完成对模拟信号的表示，图 2-17 和图 2-18 分别为模拟信号的数字化过程和数字信号的模拟化过程。

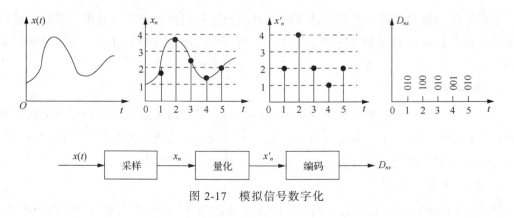

图 2-17　模拟信号数字化

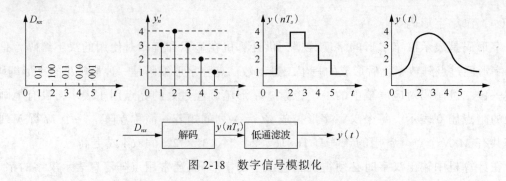

图 2-18　数字信号模拟化

2.2　数学建模

模型是对现实原型的一种抽象或模仿，这种抽象或模仿要抓住原型的本质，抛弃原型的次要因素。从这个意义上讲，模型既要反映原型，但又不等于原型，或者说它是原型的一种近似和集中反映，如一个人的塑像就是这个人的模型。按照这种说法，模型的含义非常广泛，如自然科学和工程技术中的一切概念、公式、定律、理论，社会科学中的学说、原理、政策，甚至小说、美术、语言等都是某种现实原型的一种模型。通俗地说，建模是对某事物或过程进行抽象后的形式化的表现，即构造抽象的模型，而模型有很多种表现手法，如图形、代码、表格等。

2.2.1　计算机求解问题的过程

计算机求解问题的过程主要有以下 4 个步骤，如图 2-19 所示。

图 2-19　计算机求解问题的过程

1．分析问题

用计算机来解决问题时，首先计算机要对问题进行定性、定量的分析，然后才能设计算法。定性分析法是对问题进行"质"的方面的分析，确定问题的性质。定量分析法是对要解决问题的数量特征、数量关系与数量变化进行分析的方法。

2．数学建模

建立一个数学模型的全过程称为数学建模。数学建模就是运用数学的思想方法、数学的语言去近似地刻画一个实际研究对象，构建一座沟通现实世界与数学世界的"桥梁"，并以计算机为工具应用现代计算技术达到解决各种实际问题的目的。

3．算法分析

算法（Algorithm）是指解题方案的准确而完整的描述，是一系列解决问题的清晰指令，算法代表用系统的方法描述解决问题的策略机制。也就是说，算法能够对一定规范的输入，在有限时间内获得所要求的输出。如果一个算法有缺陷，执行这个算法将不会圆满解决这个问题。不同的算法可能用不同的时间、空间或效率来完成同样的任务。一个算法的优劣可以用空间复杂度与时间复杂度来衡量。

4. 程序实现

计算机的功能是通过运行计算机程序来实现的，程序是对问题求解过程和方法的形式化描述。从本质上讲，程序是对人类问题求解过程的抽象。程序设计是给出解决特定问题程序的过程，将算法翻译成计算机程序设计语言。软件设计过程应当是在不同抽象级别考虑、处理问题的过程。最初，在最高抽象级别上，用面向问题域的语言叙述问题，概括问题解的形式；而后不断地具体化，不断地更接近计算机语言描述问题；最后，在最低的抽象级别上给出可直接实现的问题解，即程序。也就是说，设计完算法后，就要使用某种程序设计语言编写程序代码，并最终得到相应结果。

2.2.2　数学建模的基本过程

1. 模型准备

模型准备包括了解问题的实际背景，明确其实际意义，掌握对象的各种信息，以数学思想来概括问题的精髓，以数学思路贯穿问题的全过程，进而用数学语言来描述问题。要求模型符合数学理论，符合数学习惯，清晰、准确。

2. 模型假设

模型假设是指根据实际对象的特征和建模的目的，对问题进行必要的简化，并用精确的语言提出一些恰当的假设。

3. 模型建立

模型建立是指在假设的基础上，利用适当的数学工具来刻画各变量、常量之间的数学关系，建立相应的数学结构。

4. 模型求解

模型求解是指利用获取的数据资料，对模型的所有参数做出计算（或近似计算）。

5. 模型分析

模型分析是指对所要建立模型的思路进行阐述，对所得的结果进行数学上的分析。

6. 模型检验

模型检验是指将模型分析结果与实际情形进行比较，以此来验证模型的准确性、合理性和适用性。如果模型与实际较吻合，则要给出计算结果的实际含义，并进行解释。如果模型与实际吻合较差，则修改假设，重复建模过程。

7. 模型应用与推广

模型的应用方式因问题的性质和建模的目的而异，而模型的推广就是在现有模型的基础上对模型有一个更加全面的考虑，以建立更符合现实情况的模型。

2.2.3 建模举例

1. 七桥问题

七桥问题是著名的古典数学问题之一。18 世纪，在哥尼斯堡城的一个公园里，有 7 座桥将普雷格尔河中的两座岛 A、D 与河岸 B、C 连接起来，如图 2-20（a）所示。一个步行者怎样才能不重复、不遗漏地一次走完 7 座桥又回到出发点？这就是哥尼斯堡七桥问题。1736 年，瑞士数学家和物理学家莱昂哈德·欧拉（Leonhard Euler）研究并解决了这个问题，他将之转化成一个几何问题，如图 2-20（b）所示。岛 A、D 和河岸 B、C 都是桥的连接点，因此，不妨把 A、B、C、D 抽象成 4 个点，把七桥看成连接这些点的 7 条线，这样并不改变问题的实质，于是一人能否不重复地一次通过七座桥的问题就等价于能否一笔画成图 2-20（b）所示形状的问题，这是一个抽象的过程，而图 2-20（b）就是七桥问题的数学模型。

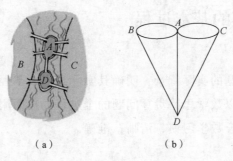

（a） （b）

图 2-20 七桥问题

2. 假痴不癫：扔百钱鼓舞士气

据传说，宋朝的名将狄青要征讨叛军，由于以前的将领几次征讨失败，士气低落，如何振奋士气便成了个问题。狄青看到民间有崇拜鬼神的风俗，便心生一计。他在出兵前拜神祈佑。只见他拿出 100 枚铜钱，口中念念有词：“此次用兵胜负难以预料，若能制敌，请神灵使正面全都朝上！”左右侍从对此感到茫然，担心弄不好反会影响士气，都劝狄青不必这么做。而狄青却不加理睬，在全军众目睽睽之下，一挥手，100 枚铜钱全撒到地面。大家凑近一看，100 枚铜钱的正面竟全部朝上。官兵见果然有神灵保佑，雀跃欢呼，声震林野，士气大振。狄青当即命左右侍从，拿来 100 根铁钉，把铜钱原地不动地钉在地上，盖上青布，还亲手把它封好。狄青还说：“待胜利归来，再收回铜钱。”于是，狄青率官兵与叛军决战，最后大败叛军。

为什么 100 枚铜钱的正面全部朝上，官兵们就认为此次征讨一定会受到神灵保佑呢？这是因为，大家知道 100 枚铜钱正面全部朝上几乎是不可能的。下面来分析一下。

当我们抛下 1 枚铜钱，会有两种不同的结果：正面朝上和正面朝下。正面朝上的概率为 1/2，如图 2-21 所示。

图 2-21　铜钱的正面和反面

如果抛 2 枚铜钱，正面都朝上的概率是多少呢？抛 2 枚铜钱共有 4 种可能，如图 2-22 所示。

① （正、正），如图 2-22（a）所示。

② （反、正），如图 2-22（b）所示。

③ （正、反），如图 2-22（c）所示。

④ （反、反），如图 2-22（d）所示。

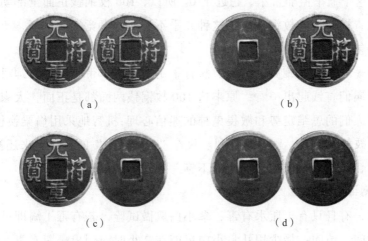

（a）　　　　　　　　　　　　（b）

（c）　　　　　　　　　　　　（d）

图 2-22　抛 2 枚铜钱的 4 种可能

所以，2 枚铜钱全部正面朝上的概率为 1/4。这里需要特别注意，（正、反）和（反、正）这两种情况，都是 1 枚铜钱正面朝上、1 枚铜钱正面朝下。因此，如果不对 2 枚铜钱进行顺序编号，就会将这两种情况看成同一种情况了。所以，在列举各种可能性时，必须对铜钱进行编号。

请接着思考，抛 3 枚铜钱时，正面全部朝上的概率是多少呢？

抛 3 枚铜钱，有 8 种可能。

① （反、反、反）。

② （反、反、正）。

③ （反、正、反）。

④ （反、正、正）。

⑤ （正、反、反）。

⑥（正、反、正）。

⑦（正、正、反）。

⑧（正、正、正）。

我们发现，随着铜钱枚数的增加，列举出所有可能比较麻烦，并且容易遗漏。

其实，我们可以把正、反两面看作二进制中的0和1。

当抛1枚铜钱时，有2种可能，即0或1（分别对应正面朝下、正面朝上）。

当抛2枚铜钱时，有4种可能，分别是00、01、10、11。

当抛3枚铜钱时，有8种可能，分别是000、001、010、011、100、101、110、111。

当抛4枚铜钱时，相当于是4位二进制，有16种可能。

……

依此类推，当抛100枚铜钱时，就相当于是100位二进制，有2^{100}种可能。因此，当抛100枚铜钱时，正面全部朝上的概率为$1/2^{100}$！

可以看出，这个概率值非常小，趋近于0。所以，100枚铜钱正面全部朝上的可能是微乎其微的。而狄青抛掷100枚铜钱时，这种几乎不可能的事竟然发生了，所以官兵们自然认为是有神灵保佑了。

我们再来看一看狄青凯旋后的情况。狄青平定了叛军，带领胜利之师凯旋，如约到掷钱处取铜钱。下属们将钱起出一看，原来这100枚铜钱两面都是正面，大家才恍然大悟。狄青只是利用了人们的思维定势和敬畏鬼神的迷信心理,机智地采用偷梁换柱的手法,"骗"过了他的部下,鼓舞了士气,赢得了胜利。狄青"巧计激士"的典故后来还被《三十六计》的作者收入卷中,作为第二十七计"假痴不癫"的注脚战例。

3. 小白鼠测毒

共有8瓶水，有且只有1瓶水有毒，拿小白鼠做试验，若有毒1滴即可致死，药效发挥需要2小时时间。请问：最少用几只小白鼠能在2小时内测出哪瓶有毒？请说出方法。如果是1 000瓶水、10 000瓶水呢？

分析：毒死小白鼠需要2小时，而必须在2小时内测出结果，由此推出，不管用什么方法，时间只够测试1次。

2小时后，1只小白鼠的存活状态只有2种：死或者活，我们可以用1、0来表示。

2只小白鼠，则有4种组合的存活状态：活活、活死、死活、死死，我们可以表示为00、01、10、11。

3只小白鼠，则有8种组合的存活状态：活活活、活活死、活死活、活死死、死活活、死活死、死死活、死死死，我们可以表示为000、001、010、011、100、101、110、111。

……

N只小白鼠，则有2^N种组合的存活状态。

一共有8瓶水，最多需要8种状态就能区分。因为$2^3=8$，所以只需3只小白鼠来组合8种存活状态。

给 8 瓶水和 3 只小白鼠编号如表 2-4 所示，并且根据每瓶水的号码，转换为 3 位二进制数对应到相应的瓶和小白鼠上，如果表中为 1，则从该瓶水中取一滴给对应的小白鼠喝，如果为 0，则对应的小白鼠不喝该瓶水。即小白鼠 A 喝从 4、5、6、7 号瓶各取一滴形成的混合液，小白鼠 B 喝从 2、3、6、7 号瓶各取一滴形成的混合液，小白鼠 C 喝从 1、3、5、7 号瓶各取一滴形成的混合液。

表 2-4　　　　　　　　　　　　小白鼠是否喝某瓶水对照表

	0 号瓶	1 号瓶	2 号瓶	3 号瓶	4 号瓶	5 号瓶	6 号瓶	7 号瓶
小白鼠 A	0	0	0	0	1	1	1	1
小白鼠 B	0	0	1	1	0	0	1	1
小白鼠 C	0	1	0	1	0	1	0	1

观察两小时后小白鼠的存活状态，死用 1 表示，活用 0 表示，3 只小白鼠的存活状态按顺序形成 3 位二进制数，将其转成十进制，该值是几，就表示几号瓶的水有毒。例如，小白鼠 A 死，二进制表示为 100，即 4 号瓶的水有毒。如果白鼠 B 和白鼠 C 都死，二进制表示为 011，即 3 号瓶的水有毒（见表 2-5 和图 2-23）。

表 2-5　　　　　　　　　　　　小白鼠可能的存活状态组合

小白鼠存活状态（0 表示活，1 表示死）							
小白鼠 A	0	0	0	0	1	1	1	1
小白鼠 B	0	0	1	1	0	0	1	1
小白鼠 C	0	1	0	1	0	1	0	1

图 2-23　小白鼠的存活状态对应成 3 位二进制数

如果是 1 000 瓶水，需要多少只小白鼠呢？

因为 2^9=512、2^{10}=1 024，且 1 000<1 024，所以，10 只小白鼠就足够表示 1 000 种状态，即 1 000 瓶水需要 10 只小白鼠就可以测出哪瓶有毒。

如果是 10 000 瓶水，由 2^{13}=8 192、2^{14}=16 384，且 10 000<16 384 得出，14 只小白鼠就足够表示 10 000 种状态，即需要 14 只小白鼠就可以测出 10 000 瓶水中哪瓶有毒。

用 Python 语言编程如图 2-24 所示（说明：本书除第 5 章外，涉及的程序都用 Python 语言解释，具体介绍见 3.3.3 节），其中，每一条语句中"#"后面的文字内容为对该语句的解释。

程序运行结果如图 2-25 所示。

```
x=int(input("请输入共有几瓶水:"))#输入有几瓶水并将该数目转换成整型后赋给变量x
m=0       #将变量m赋初值0
while 2**m<x:  #用循环找出最少需要的小白鼠数目,2**m相当于2^m
    m=m+1
print("共需{}只小白鼠试毒。".format(m))  #输出小白鼠的数目
y=input("请以"01…"的形式输入这{}只小白鼠2小时后的存活状态(活为0,死为1): ".format(m))
print("第{}瓶水有毒。".format(int(y,2)))#输出第几瓶水有毒
```

图 2-24 小白鼠测毒的 Python 程序

```
>>>
================== RESTART: E:/xbscd.py ==================
请输入共有几瓶水:8
共需3只小白鼠试毒。
请以"01…"的形式输入这3只小白鼠2小时后的存活状态(活为0,死为1): 101
第5瓶水有毒。
>>>
================== RESTART: E:/xbscd.py ==================
请输入共有几瓶水:10000
共需14只小白鼠试毒。
请以"01…"的形式输入这14只小白鼠2小时后的存活状态(活为0,死为1): 1110111111101
第7677瓶水有毒。
>>> |
```

图 2-25 小白鼠测毒的程序运行结果

作业与实践

1. 计算机为什么采用二进制编码？二进制有什么缺点？

2. 请扩展猜数游戏，将数的范围扩大至 1～31，并思考需要多少张卡片，将其做出来，与同学一起猜一猜。

3. 按前述"算姓氏"的方法，如果把百家姓都计算在内，需要多少张卡片？除了二进制方法，"算姓氏"还有别的方法吗？请上网搜一搜，与同学分享。

4. 尝试将"小白鼠测毒"的代码输入 Python 环境中，运行程序，查看结果，体会抽象和建模的重要性。

第 3 章
计算思维之自动化

计算机到底是如何自动执行各种操作的呢？

我们用简单的算术运算(3+2)×4 来举例。如果用计算器完成这个过程，需要人工依次按 3 + 2 = ×4 = 才能看到最后的结果。为了让计算机能够自动完成复杂的操作，我们希望计算机能够完全自动地执行这个过程，而不需要人工按数字和运算符。这就要求计算机不仅能自动进行多步算术运算，还要把计算的中间结果和最后结果存储起来。

所以，要想让计算机在没有人干预的情况下自动完成这个计算过程，就要求计算机具有以下功能。

（1）能自动进行算术运算。

（2）能自动存储和读取数据。

（3）能自动执行多步计算、读取和存储等过程。

如果计算机具有这 3 个功能，就可以设计自动执行的过程了，如图 3-1 所示。

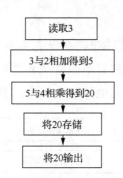

图 3-1　自动执行(3+2)×4 的过程

虽然看起来比直接用计算器计算还要复杂，但是为了让计算机能够脱离人工干预，自动执行更复杂的操作，这是完全值得的。

从第 2 章中我们知道计算机内部只能识别 0 和 1。为了让计算机能够完成这些操作，我们还需要将所有符号和它们的存储地址转换为用 0 和 1 表示的符号。举例如下。

相加：000011

相乘：000100

取数：000001

存数：000010

输出：000101

3 的存储地址：0000000100

2 的存储地址：0000000101

4 的存储地址：0000000110

20 的存储地址：0000000111

这样把图 3-1 所示的执行过程编写成全部由 0 和 1 构成的程序，让计算机按照程序执行，如表 3-1 所示。

表 3-1　　　　　　　　　　　　实现(3+2)×4 的机器级程序

操作码	地址码	功能
000001	0000000100	读取 0000000100 存储单元的数送到运算器中
000011	0000000101	加上 0000000101 存储单元的数（在运算器中）
000100	0000000110	乘以 0000000110 存储单元的数（在运算器中）
000010	0000000111	将运算器中的数存储到 0000000111 存储单元中
000101	0000000111	输出 0000000111 存储单元的数

如果计算机具有上述功能，就可以自动按照程序一步步执行得到最后的结果。

3.1　二进制算术运算的自动化

要想明白计算机内部的电子元件如何在没有人参与的情况下自动进行二进制算术运算，就必须先了解基本的逻辑运算和简单的电子元件。由基本逻辑运算可以表示出二进制加法运算，由加法运算可以表示出其他的基本算术运算，如图 3-2 所示。

图 3-2　逻辑运算和二进制算术运算的关系

3.1.1　逻辑运算的自动化

1. 逻辑运算

1847 年，英国数学家乔治·布尔（George Boole）提出用符号表达语言和思维逻辑的思想。20 世纪，布尔的这种思想发展成为一种现代数学方法，被称为逻辑代数，也叫布尔代数。20 世纪 30 年代，逻辑代数在电路系统上获得应用。

逻辑常量和逻辑变量之间的运算称为逻辑运算。

逻辑常量只有两个，即 0 和 1。0 和 1 在逻辑上可以代表"真"与"假"、"是"与"否"、"有"与"无"等。具有逻辑属性的变量就称为逻辑变量。

在逻辑代数中，有或、与、非 3 种基本逻辑运算，还有由基本逻辑运算构成的与非、或非、异或、同或等运算。

（1）或运算。通常用符号"OR"或"$\vee$"来表示。或运算规则如下。

$0 \vee 0 = 0$

$0 \vee 1 = 1$

$1 \vee 0 = 1$

$1 \vee 1 = 1$

即在给定的逻辑变量中，A 或 B 只要有一个为 1，其逻辑运算的结果就为 1。

（2）与运算。通常用符号"AND"或"$\wedge$"来表示。与运算规则如下。

$0 \wedge 0 = 0$

$0 \wedge 1 = 0$

$1 \wedge 0 = 0$

$1 \wedge 1 = 1$

即只有当参与运算的逻辑变量都同时取值为 1 时，其逻辑运算的结果才等于 1。

（3）非运算。通常用符号"NOT"或"$\neg$"表示。非运算规则如下。

$\neg\, 0 = 1$

$\neg\, 1 = 0$

（4）异或运算。通常用符号"$\oplus$"表示。异或运算规则如下。

$0 \oplus 0 = 0$

$0 \oplus 1 = 1$

$1 \oplus 0 = 1$

$1 \oplus 1 = 0$

即只有两个逻辑变量相异，其逻辑运算的结果才为 1。

计算机的电子元件是如何自动进行逻辑运算的呢？下面进行详细介绍。

2. 用开关电路实现基本逻辑运算

基本的逻辑运算可以用电信号及其电路连接来实现：我们将电信号的高电平抽象为 1（通常为近似 5V 的电压），低电平抽象为 0（通常为 0V 电压），就可以表示出逻辑运算中的 1 和 0。

也可以用开关及其电路连接来实现。如图 3-3 所示，A、B 表示开关，Y 表示电灯。

在"与"运算电路中，仅当 A、B 均闭合，Y 才亮，即 Y=A AND B。

在"或"运算电路中，A、B 只要有一个闭合，Y 就亮，即 Y=A OR B。

在"非"运算电路中，A 闭合 Y 不亮，A 打开 Y 才亮，即 Y=NOT A。

由此可见，与、或、非运算，都可以用电路来实现。

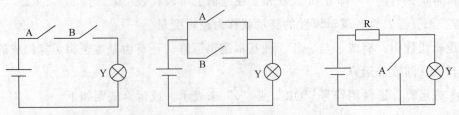

图 3-3　用开关电路实现基本逻辑运算

　　基本的逻辑运算通常用电子元件来控制，如二极管、三极管。二极管是常用的电子元件之一，它最大的特性就是单向导电，也就是电流只可以从二极管的一个方向流过，反之加反向电压则为截止状态，如图 3-4（a）和图 3-4（c）所示。该特性相当于开关的打开和闭合，如图 3-4（b）和图 3-4（d）所示。

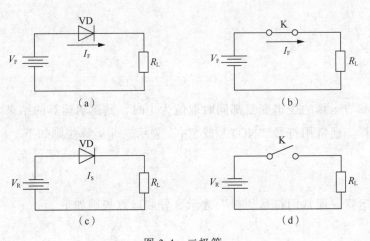

图 3-4　二极管

　　三极管也是基本元件之一，具有电流放大作用，是电子电路的核心元件，可以用作无触点开关。如图 3-5 所示，可以用 b 点的电压，控制 c 点的电压。当 b 点为高电平时，c 点接地，即三极管为导通状态，若 b 点为低电平，则 c 点为高电平。三极管还有一个作用是把微弱信号放大成值较大的电信号。由此可见，三极管的基本特性是开关和放大。

3. 用门电路实现基本逻辑运算

　　可以用由二极管、三极管实现的基本集成电路来实现多种运算，这些电路被封装成集成电路（芯片），即所谓的门电路。

　　最基本的门电路是与门、或门和非门，目前广泛使用的是集成门电路。

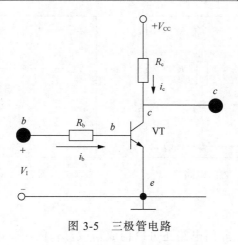

图 3-5　三极管电路

（1）非门电路

非门电路只有一个输入 A，一个输出 L，如图 3-6 所示。

非门电路输入的是高电平，输出的就是低电平；反之，输入的是低电平，输出的就是高电平。这样就通过输入电平的高低得到了相反的结果，相当于自动进行了逻辑非运算。非门的逻辑符号是 ⊸⊐1⊳⊸。

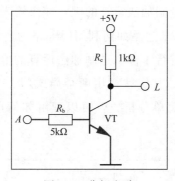

图 3-6　非门电路

（2）与门电路

与门电路有两个输入 A、B 和一个输出 L，如图 3-7 所示。

A 处输入高电平，且 B 处输入高电平时，则 VD_1 与 VD_2 均未导通，L 处近似为 5V。A 或者 B 为低电平时，则导致 A 或者 B 一定有一段导通，L 处的电压经过电阻降压后电压较低，则为低电平。这样，只有 A 或 B 的输入均为高电平时，L 的输出才是高电平，相当于自动进行了逻辑与运算。与门电路的逻辑符号为 ⊐&⊐。

（3）或门电路

或门电路有两个输入 A、B 和一个输出 L，如图 3-8 所示。

A 或者 B 为高电平时，相应的 VD_1 或者 VD_2 会导通，L 处的电压近似于高电平。这样也就是 A 和 B 的输入只要有一个为高电平时，L 的输入就是高电平；只有 A 和 B 的输入均为低电平时，L 的输入才是低电平。相当于自动进行了逻辑或的运算。或门电路的逻辑符号为 ⊐≥1⊐。

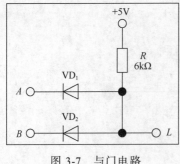

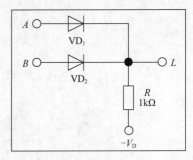

图 3-7　与门电路　　　　　　　　　　图 3-8　或门电路

（4）与或非门电路

由基本的与门、或门、非门电路还可以构成稍微复杂的逻辑电路，例如与或非门电路，其逻辑符号为 ⧉ 。

与或非门电路有 4 个输入，分别经过两个与门，运算后的结果再经过一个或门和一个非门之后得到一个输出，对应的运算式是 $\neg((A \wedge B) \vee (C \wedge D))$。

3.1.2　二进制加法运算的自动化

计算机是如何自动进行二进制加法运算的呢？如果输入两个数 1 和 1，会自动输出一个 0 和要进位的 1，你能想象出来它是如何利用门电路构造的吗？

一位加法器就是可以自动进行 1 位二进制加法运算的电路，而且可以处理加法进位。

一位加法器看起来很复杂，其实就是用两个异或门、一个与或非门和一个非门构造而成的，如图 3-9 所示。经过简单分析，就可以理解如何用电子元件自动进行二进制加法运算。

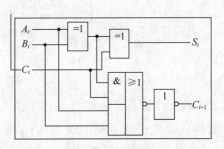

图 3-9　一位加法器

其中 A_i、B_i 是进行相加的二进制数，C_i 是上一次运算的进位，因此存在 3 个输入，S_i 是求出的结果，而 C_{i+1} 是求出的新进位。

如果 A_i、B_i、C_i 的输入分别是 1、0、1，也就是进行一位二进制数 1 加上一位二进制数 0 的加法运算，并且还要加上上一次运算的进位 1。运算结果应该为 0，并且进位为 1。

那么经过这个加法器后输出的结果就是 $S_i=0$，$C_{i+1}=1$，这样就可以自动进行一位加法运算了。

如需构造多位加法器，只需将多个一位加法器连接起来即可，即将低位加法器产生的进位连接到高位加法器的进位输入端，如图 3-10 所示。

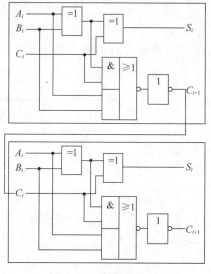

图 3-10　多位加法器

其实，二进制数之间的算术运算无论加减乘除，都可以转化为若干步骤的加法运算来进行，也就是说实现了加法器就能实现基本的二进制算术运算，所以加法器是构造计算机运算部件的基本单元。

用正确的、低复杂度的芯片电路组合成高复杂度的芯片，逐渐组合，可以实现越来越强的功能。

3.2　信息存取和指令执行的自动化

3.1 节已经讲解了运算器是如何自动工作的，本节简单介绍存储器和控制器的工作原理。

世界上第一台按"存储程序和程序控制"思想设计的计算机是 EDVAC，它是由曾担任 ENIAC 小组顾问的著名美籍匈牙利数学家冯·诺依曼领导设计的。EDVAC 于 1946 年开始设计，1950 年研制成功。

冯·诺依曼认为，要让计算机自动执行任务，必须将指令和数据事先存储在计算机的存储器中，才能实现连续自动执行。现在市面上大多数的计算机都遵循冯·诺依曼的设计思想，我们将之统称为冯·诺依曼计算机。冯·诺依曼计算机分为五大部件：存储器、运算器、控制器、输入设备和输出设备，如图 3-11 所示。存储器、运算器和控制器是计算机能够连续自动执行最重要的部件。

① 存储器负责数据和指令的存储和读取。

② 运算器负责执行逻辑运算和算术运算。

③ 控制器负责读取、分析和执行指令，也就是控制计算机按照已经编写好的程序自动工作。

④ 输入设备是为了将程序和指令输入计算机中并且能够与计算机随时交互。

⑤ 输出设备是为了让结果能够显示和打印。

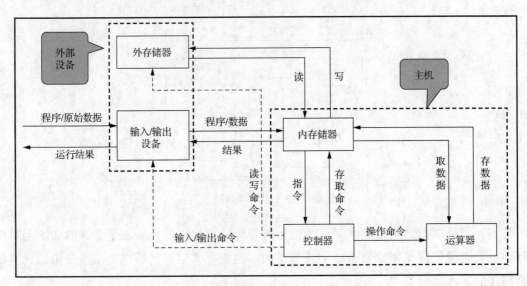

图 3-11　冯·诺依曼计算机工作原理

3.2.1　信息存取的自动化

一般来说，存储器由若干个存储单元构成，一个存储单元由若干个存储位构成。每个存储位中存储一个二进制数 0 或 1，这样一个存储单元的内容就是由若干个 0 和 1 构成的。为了方便查找存储单元的内容，给每个存储单元取一个名字，即存储单元地址，如表 3-2 所示。

表 3-2　　　　　　　　　　程序和数据都存储在存储器中的存储结构

存储单元地址	存储单元内容		
	操作码	地址码	
00000000　00000000	000001	0000000100	程序
00000000　00000001	000011	0000000101	
00000000　00000010	000100	0000000110	
00000000　00000011	000010	0000000111	
00000000　00000100	0000000010110011		数据
00000000　00000101	0000000001010011		
00000000　00000110	0000000000001110		
00000000　00000111	0000000000110101		

计算机的电子元件是如何通过存储单元地址自动存储和读取存储单元的内容呢？我们通过一个简单的只读存储器（Read Only Memory，ROM）的例子来说明怎样自动读取只读存储器中的数据。

如图 3-12 所示，只读存储器是已经存储了内容的存储器，我们只要输入了存储单元地址，存储单元的内容就会被自动读取。

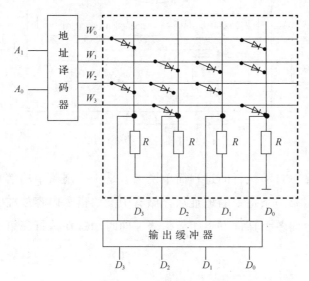

图 3-12　只读存储器存储结构

图 3-12 中，W_0、W_1、W_2、W_3 这 4 条地址线对应 4 个存储单元，每个存储单元有 4 个存储位，存储的内容分别是 1001、0111、1110 和 0101。

存储器是如何实现存储 1 和 0 的呢？地址线和数据线连接二极管时存储的就是 1，没有连接，存储的就是 0。

如何在输入某个存储地址的时候自动读取相应存储单元的内容呢？

我们将 A_1 和 A_0 称为地址编码线，通过地址译码器，可以产生 4 个存储单元地址：W_0（00）、W_1（01）、W_2（10）、W_3（11），当 A_1 和 A_0 都是高电平时，即地址编码为 11 时，W_0、W_1、W_2、W_3 这 4 条地址线只有 W_3 有效，处于高电平，而 W_3 与 D_2 和 D_0 二极管连接，D_2 与 D_0 的输出为高电平，其他为低电平。

也就是说，当 A_1 和 A_0 的输入为 11 时，W_3 的存储单元的内容 0101 就被自动读取。

3.2.2　指令执行的自动化

控制器是理解和执行指令的部件。所谓执行指令，其实就是由控制器中的信号发生器产生各种电平信号，发送给各个部件，各部件根据要求产生相应的电平信号。为了有条不紊地传递各种信号，机器中有一个时钟发生器，产生基本的时钟周期，控制器根据时钟周期的频率执行指令。

控制器如何知道当前执行指令的内容和下一条要执行的指令所在的地址呢？控制器内有一个程序计数器 PC 和一个指令寄存器 IR。PC 和 IR 具有临时存储数据的功能，PC 中存储下一条要执行指令的地址，IR 中存储当前指令的内容，如图 3-13 所示。

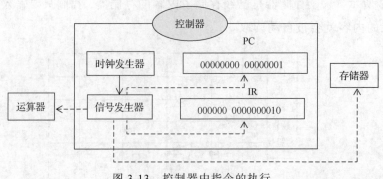

图 3-13　控制器中指令的执行

多条指令（程序）自动执行的过程简单说来就是：控制器中的信号发生器按照时钟发生器产生的频率根据第一条指令的地址从存储器中读取指令内容放在 IR 中，信号发生器根据第一条指令的内容向各个部件发出相应指令，同时 PC 在执行完第一条指令后，自动指向下一条指令的地址。

3.3　自动执行的基础——程序

计算机要完成复杂的工作就需要复杂的指令集合。指令的集合称为程序，而程序是用符合某种规则的语言来组织的，即程序设计语言。程序设计语言也叫编程语言。

3.3.1　程序设计语言的发展

程序设计语言的发展分为 3 个阶段：机器语言、汇编语言和高级语言。

1. 机器语言

因为机器语言中的指令和数据全部为二进制代码，是计算机能够直接识别的语言，所以占用内存少、执行速度快。机器语言的缺点是学习、使用、阅读、修改都非常复杂，而且不同计算机结构的机器指令并不相同。

2. 汇编语言

汇编语言是将机器语言的二进制代码指令用便于记忆的符号形式表示出来的一种语言，即使用助记符表示指令，如加法指令用 add 表示。这样在一定程度上提高了程序员编程的效率，但是汇编语言与机器语言一样，对应不同计算机结构的指令不相同，而且其语法与自然语言差异较大，所以机器语言和汇编语言统称为低级语言。

3. 高级语言

高级语言是接近自然语言的计算机程序设计语言,更容易理解和利用其解决计算问题。计算机无法直接识别高级语言,需要通过语言处理程序将编写的程序翻译成计算机能够识别的代码。常用的高级语言有 C、Java、Python 等多种。

相对于传统的语句式编程语言,近年流行的图形化编程语言也是编程语言发展的一种趋势。

图形化编程语言简单易学,用户可以不认识英文单词,也可以不会使用键盘,构成程序的命令和参数通过积木形状的模块来实现,用鼠标将模块拖动到程序编辑栏就可以编程。

常用的图形化编程语言有 Google 公司开发的 Blockly 和由麻省理工学院设计开发的 Scratch 等。

3.3.2　程序的基本构成

计算机程序设计语言像人类语言一样由两方面构成:一是程序的构成要素(单词),二是程序的书写规则(语法)。不同的计算机程序设计语言,其程序基本构成要素差异不大,但具体语法则差异很大。这里简单介绍构成程序的基本要素。

1. 常量、变量和表达式

因为程序是处理数据的过程描述,所以数据是程序的重要组成部分。一般来说,数据分为常量和变量两种。

在程序执行过程中,其值不发生改变的量称为常量,如数字 3 和字符 a。

在程序执行过程中,其值可以发生变化的量称为变量。

程序对数据的处理是通过运算进行的。不同运算在程序中使用不同的运算符来表示,例如,+表示加法,*表示乘法,==表示相等,<>表示不等。

将常量、变量、运算符按照一定的要求连接在一起就构成了表达式。表达式类似于数学中的计算公式。

例如,因为(3+4)==8 这个表达式关系不成立,所以结果为 False。

2. 语句

程序的主体是语句。一般程序语句有赋值语句、输入/输出语句和控制语句等。

赋值语句通常是用赋值符号 "=" 连接变量与表达式的语句,也就是将 "=" 右侧表达式的结果赋值给左侧的变量。例如,x=3+4 表示将 3+4 的运算结果赋值给变量 x,而不是 x 等于 7。

输入/输出语句是为了程序获得外部数据和程序结果得以输出的语句。例如,input()是从键盘获取外部数据,print("Hello World")是输出字符 Hello World。

3. 程序控制结构

控制语句是控制程序设计执行路径的语句,一般分为顺序结构、分支结构、循环结构等。

程序按照书写的顺序依次执行的结构叫作顺序结构。例如：

```
a=3
b=4
c=a+b
print(c)
```

此程序运行时顺序执行，3 赋值给变量 a，4 赋值给变量 b，a 与 b 的和赋值给变量 c，输出 c 的值。

根据判断条件选择程序执行路径的结构叫作分支结构。例如：

```
a=int(input("请输入一个小于 10 的正整数"))
If  a>10:
    print("您输入的数字大于 10，错误")
else:
    print("您输入的完全正确，谢谢")
```

此程序运行时，从键盘接收输入的数字并赋值给变量 a，如果 a 的值大于 10，则输出"您输入的数字大于 10，错误"；否则，输出"您输入的完全正确，谢谢"。

根据判断条件确定程序是否执行多次的结构叫作循环结构。例如：

```
a=0
While  a<10:
    print("I  Love  U")
    a=a+1
```

此程序运行时将 0 赋值给变量 a，判断 a 的值是否小于 10，如果小于 10，则输出"I Love U"，并且将 a+1 值赋值给 a。重复 while 结构直到 a<10 的结果为 False。

本程序的结果是输出 10 遍"I Love U"。

4. 函数

为了对程序进行模块化，按照一定的规则，为具有某个功能的一段程序起一个名字，并且能够在其他程序中调用的程序块称为函数。例如：

```
def  happy(name)
    print("Happy birthday to you!")
    print("Happy birthday to you!")
    print("Happy birthday to dear {}!".format(name))
    print("Happy birthday to you!")
```

此函数的功能是输出生日歌，调用该函数时，把变量名 name 替换为过生日的人的名字，就可以输出相应的生日歌。例如：

```
happy(Jenny)
```

输出如下内容。

```
Happy birthday to you!
Happy birthday to you!
Happy birthday to dear Jenny!
Happy birthday to you!
```

3.3.3　Python 程序设计语言简介

1. Python 语言的诞生

Python 是一种面向对象的解释型计算机程序设计语言，由荷兰人吉多·范罗苏姆（Guido van Rossum）于 1989 年发明，其第一个公开发行版本于 1991 年发行。1989 年圣诞节期间，吉多为了打发圣诞节的无趣，打算开发一个新的脚本解释程序，作为 ABC 语言的继承。之所以选中 Python（意为大蟒蛇，Logo 如图 3-14 所示）作为程序的名字，是因为吉多是一个叫 Monty Python 的喜剧团体的爱好者，他对当时的一部英剧 "Monty Python's Flying Circus" 有极大兴趣。

图 3-14　Python 语言的 Logo

2. Python 语言的发展

2000 年 10 月，Python 2.0 正式发布。

2010 年，Python 2.x 系列的最后一版 Python 2.7 发布。

2008 年 12 月，Python 3.0 正式发布，在语法层面和解释器方面做了很大修改，因为解释器内部采用完全面向对象的方式实现，所以无法向下兼容 Python 2.x 系列的既有语法，同时用 Python 编写的函数库也开始了版本升级。

现在，绝大部分 Python 函数库都采用 Python 3.x 系列语法和解释器。

3. Python 语言的特点

Python 语法简洁清晰，其特色之一是强制用空白符（White Space）作为语句缩进，特色之二是具有丰富和强大的库。它常被称为"胶水语言"，能够把用其他语言制作的各种模块（尤其是 C/C++）很轻松地连接在一起。

（1）语法简洁：实现相同功能的代码行数仅相当于其他语言的 1/10～1/5。

（2）与平台无关：可以在任何安装解释器的计算机环境中运行。

（3）黏性扩展：可以集成用 C、C++、Java 等语言编写的代码，通过接口和函数库等方式将它们"粘起来"（整合在一起）。

（4）开源理念：解释器的全部源代码是开放的，在特定许可协议范围内，可以被任何人学习、修改甚至发布。

（5）通用灵活：可用于编写各领域的应用程序，从科学计算、数据处理到人工智能等。

（6）强制可读：通过强制缩进来体现语句间的逻辑关系，提高了程序的可读性、可维护性。

（7）支持中文：采用 UTF-8 编码表达所有字符信息。该编码可以表达英文、中文、日文、法文等。

（8）模式多样：支持面向过程和面向对象两种编程方式。

（9）类库丰富：Python 解释器提供了几百个内置类和函数库，程序员通过开源社区提供了十几万个第三方函数库。

关于 Python 语言的其他知识，在此不再赘述。

3.3.4　Python 程序实例

下面介绍两个简单的 Python 程序实例。

1.　画五角星

做题基础：计算机程序可以通过函数实现如前进画线、左转（角度）、右转（角度）、设置填充颜色等功能。

画五角星算法如下。

第 1 步，设置填充颜色为红色。

第 2 步，自当前点向前水平画线 200 像素。

第 3 步，向右转 144°。

第 4 步，自当前点向前水平画线 200 像素。

第 5 步，向右转 144°。

第 6 步，自当前点向前水平画线 200 像素。

第 7 步，向右转 144°。

第 8 步，自当前点向前水平画线 200 像素。

第 9 步，向右转 144°。

第 10 步，自当前点向前水平画线 200 像素。

第 11 步，向右转 144°。

第 12 步，结束。

我们发现其中两步重复了 4 次。这部分可以用循环结构来实现。

所以以上算法可以简化如下。

第 1 步，设置填充颜色为红色。

第 2 步，自当前点向前水平画线 200 像素。

第 3 步，向右转 144°。

第 4 步，重复第 2、第 3 步 4 次。

第 5 步，结束。

下面是用 Python 程序设计语言完成画五角星的程序代码，由顺序结构和循环结构组成。#及后面的文字为注释，帮助大家读懂程序。

```
from turtle import  *          #导入 turtle 库
fillcolor("red")               #调用 turtle 模块中的 fillcolor() 函数将填充色设置为红色
begin_fill()                   #调用 begin_fill() 函数标记开始填充颜色
for i in range(0,5):           #执行循环结构中的语句 5 次
    forward(200)               #调用 forward() 函数从当前位置向当前方向画线 200 像素长度
    right(144)                 #调用 right() 函数将当前方向顺时针转 144°
    end_fill()                 #调用 end_fill() 函数标记填充颜色结束
```

2. 判断点是否在圆内

判断一个坐标为（x,y）（x 和 y 为整数）的点是否在以原点（0,0）为圆心、半径为 10 的圆内。

算法如下。

第 1 步，通过键盘输入两个整数。

第 2 步，求出两个整数的平方之和记为 c。

第 3 步，如果 c 小于 100，输出 yes。

第 4 步，如果 c 大于等于 100，输出 no。

下面是用 Python 程序设计语言完成点是否在圆内的程序代码，由顺序结构和分支结构组成。

```
x,y=int(input()),int(input())    #使用 input() 函数接收键盘输入的两个数字，用 int()
                                   函数将数字转换为整型，并且分别保存在变量 x,y 中
c=x*x+y*y                        #求出 x、y 的平方之和，保存在变量 c 中
if  c<100:                       #如果 c 的值小于 100，则执行下面结构体内的语句
    v="yes"                      #将变量 v 赋值为字符串 yes
else:                            #否则，执行下面结构体内的语句
    v="no"                       #将变量 v 赋值为字符串 no
print(v)                         #输出变量 v 的值
```

3.4　程序的灵魂——算法

程序主要由两方面构成：对数据的描述即"数据结构"、计算机执行计算过程的描述即"算法"。

算法（Algorithm）就是指对问题求解步骤的一种描述。广义的算法就是指做某一件事的步骤或程序。例如，菜谱是做菜肴的算法，旅游攻略是外出旅行的算法，太极拳谱是打太极拳的算法，玩游戏时的排兵布阵是玩游戏的算法等。狭义的算法一般是指计算机执行的计算过程的具体描述，就是以一步接一步的方式来详细描述计算机如何将输入转化为要求的输出的过程。

算法解决程序做什么和怎么做的问题，是程序的"灵魂"部分。

算法还具有下列 5 个重要特性。

（1）有穷性。一个算法必须总是在执行有穷步之后结束，且每一步都可在有穷时间内完成。

（2）确定性。算法中每一条指令必须有确切的含义，不会产生二义性。

（3）可行性。一个算法是可行的，是指所有操作都必须可以通过已经实现的基本操作及基本运算，并在有限次内实现，简单来说，按照这个算法是可以得出结果的，这种方法是可行的。

（4）输入。一个算法有零个或多个输入。

（5）输出。一个算法有一个或多个输出。

3.4.1　几个经典算法问题

下面通过几个例子帮助大家理解算法的问题。

1．狼羊过河问题

一个人带 3 只狼和 3 只羊过河。只有一条船，船可以同时载一个人和两只动物。只有羊的只数超过了狼时，狼才不会吃羊。

狼羊过河的算法如下。

第 1 步，人带两只狼过河。

第 2 步，人自己返回。

第 3 步，人带一只羊过河。

第 4 步，人带两只狼返回。

第 5 步，人带两只羊过河。

第 6 步，人自己返回。

第 7 步，人带两只狼过河。

第 8 步，人自己返回。

第 9 步，人带一只狼过河。

2．排序问题

排序问题不仅仅是我们在学习计算机程序设计语言时会遇到的问题，也是日常生活中常常会遇到的问题。

例如，给出 7 个数字：49、27、65、97、76、12、38，将它们从小到大排序。

计算机要解决问题，就必须依据人提供的数据和比较简单的规则。与人脑相比，计算机解决问题的方法具有两个特点。

（1）简单的规则。

（2）可进行大数据量的计算。

设计计算机的算法时要考虑计算机的特点。

一种比较直观的简单选择排序算法如下。

第 1 步，找出最小的数放在起始位置。

第 2 步，在剩余的数中找到最小的数，放在上步找出的数的后面。

第 3 步，依次进行，直到全部排完。

这是简单选择排序算法的基本原理。那么怎样对比找出最小的数字，怎样将它放在起始位置呢？

详细描述的简单排序算法如下。

初始序列：{49 27 65 97 76 12 38}

第 1 步，找出最小数字 12 并将其放在首位。

a. 将 49 与 27 比较大小，发现 27<49，保留 27，继续与下一个数字 65 比较，27<65，仍然保留 27，继续与 97、76 比较，都是保留 27，与 12 比较，12<27，所以保留 12，12 与最后一个数字 38 比较，仍然保留 12，所以最小数字为 12（以后比较大小的过程不再具体描述）。

b. 将最小数字与第一个数字交换位置，即 12 与 49 交换：12{27 65 97 76 49 38}。

第 2 步，找出最小数字 27，不需要交换：12 27{65 97 76 49 38}。

第 3 步，找出最小数字 38，65 与 38 交换：12 27 38{97 76 49 65}。

第 4 步，找出最小数字 49，97 与 49 交换：12 27 38 49{76 97 65}。

第 5 步，找出最小数字 65，76 与 65 交换：12 27 38 49 65{97 76}。

第 6 步，找出最小数字 76，97 与 76 交换：12 27 38 49 65 76 97。

虽然感觉很麻烦，但是如果数字增加到 1 万个，甚至 100 万个，计算机都可以根据这个描述清晰的算法轻松完成，而人脑则很难完成这么大数据量的排序问题。

3. 旅行商问题

旅行商问题（Traveling Salesman Problem，TSP）是一个经典的数学问题，由爱尔兰数学家威廉·哈密顿（William Hamilton）和英国数学家柯克曼（T. P. Kirkman）于 19 世纪初提出。

旅行商问题是最有代表性的组合优化问题之一，在现实生活中如物流运输、导航、交通、电路板设计等行业都有着广泛的应用。

下面用外卖送餐来描述这个问题。

一个外卖小哥在 A 餐馆接了 19 单外卖，分别要送餐到不同地方，外卖小哥送餐后会回到 A 餐馆，如果只考虑路的远近，走哪条路径送餐才最能节省时间？

为了简化问题，我们先假设外卖小哥只接了 3 单外卖，分别在 B、C、D 地。A、B、C、D 4 个地方之间都是互通的。

我们首先把地点、路径等抽象符号化：用顶点表示地点，用两点之间的边表示路径，这样就把问题转化成了一个图论的问题，也就是求从某顶点出发，经过其他三点且只经过一次，然后回到这一顶点的长度最短的路径。

图论中是这样描述这个问题的，即"已给一个 n 个点的完全图，每条边都有一个长度，求总长度最短的经过每个顶点正好一次的封闭回路"。图 3-15 所示为旅行商问题的数学建模。

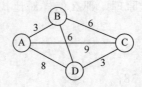

图 3-15　旅行商问题的数学建模

最简单直观的算法是找出所有可能走的路径的长度，然后比较得出最短路径。这种算法称为遍历算法。

第 1 步，找出所有可供选择的路线共有 6 条。

第 2 步，求出各条路径及长度，分别如下。

ABCDA：20　　　　ABDCA：21

ACBDA：29　　　　ACDBA：21

ADCBA：20　　　　ADBCA：29

第 3 步，经比较有两条路径最短，分别为路径 ABCDA（20）和 ADCBA（20），也就是有两个解（见图 3-16）。

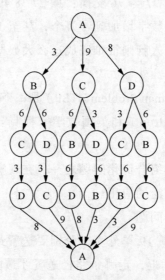

图 3-16　旅行商问题的遍历算法图示

回到外卖小哥接 19 个单子的问题，如果用上述算法的话，所有可供选择的路线共有 (20-1)!≈1.216×10^{17} 条！即使计算机按每秒 1 000 万条路线的速度计算，也需要花上 386 年的时间。

很显然，当地点数目不多时，要找到最短距离的路线并不难，但随着地点数目的不断增大，组合路径数将按指数级急剧增长，一直达到无法计算的地步，这就是所谓的"组合爆炸"问题。

那么有没有别的算法呢？

其实，外卖小哥在送餐时除了软件提示，也还是有自己的简单选择的。我们也可以设计另外一种算法，帮助外卖小哥在无法使用遍历法找到最优解时，找到路径相对短的可行解。

下面用另一种算法解决旅行商问题（见图 3-15）。

每次都选择当前最近的路径。以外卖小哥接了 3 个订单为例，步骤如下。

第 1 步，因为离 A 餐馆最近的地点是 B，所以这一步到 B 地点送餐。

第 2 步，因为从 B 出发到 C 和 D 距离相同，所以可选择 C 或者 D。

第 3 步，如果从 B 出发选择了到达 C，那么这一步送餐到 D。如果从 B 出发选择了到达 D，那么这一步送餐到 C。

第 4 步，回到餐馆 A。

第 5 步，两条路径长度分别为：ABCDA，20；ABDCA，21。

最后得到的解为 ABCDA，20。

这种算法又被称为贪心算法。

3.4.2　算法评价与算法复杂度分析

1. 算法评价

前面提到，有时同一个问题存在不同的算法，有的算法可以进行改进和优化。那么依据什么对算法进行优化呢？或者说一个"好"的算法应达到哪些目标呢？这就是算法评价。

一般可从以下几个方面评价算法。

（1）正确性：算法应当能够正确解决求解问题。算法的正确性是评价一个算法优劣最重要的标准。

（2）可读性：算法应当具有良好的可读性，以有助于人们理解。

（3）稳健性：也称为容错性。当输入不合理的数据时，算法也能适当地做出反应或进行处理，而不会产生莫名其妙的输出结果。

2. 算法复杂度

算法复杂度的高低体现在算法执行所需计算机资源的多少。算法复杂度越高，需要的计算机资源越多。而计算机的资源主要指时间资源和空间资源。所以算法复杂度主要从时间和空间两方面进行分析，对其执行的时间和空间进行估算，给出算法执行所需时间和空间的数量级。

（1）时间复杂度

算法的时间复杂度是指执行算法所需要的时间。一般来说，计算机算法是问题规模 n 的函数 $f(n)$，算法的时间复杂度可记作 $T(n)=O(f(n))$。

算法执行时间的增长率与 $f(n)$ 的增长率正相关，称作渐进时间复杂度。

也就是说，对于一个算法，执行算法需要的时间不是指取某个特定值时所需的时间，而是要找出问题规模与需要时间之间的增长率。

执行一个算法耗费的时间，从理论上是不能算出来的，必须上机进行测试才能知道。但我们不可能也没有必要对每个算法都进行测试，只需估算这个算法所需时间的数量级就可以。

例如，上面提到的旅行商问题的遍历算法，当送 3 个外卖时，路径有$(4-1)!=3!=6$ 条，送 10 个外卖时，有$(11-1)!=3\,628\,800$ 条路径，而送 19 个外卖时就是$(20-1)!\approx1.216\times10^{17}$ 条路径，这是一个非常大的数字，我们根据增长率记这个算法的时间复杂度为 $O((n-1)!)$。

旅行商问题的贪心算法，只需要考虑当前最短路径的话，当共有 n 个地点时，只需要找出 n 个当前最短的路径，因此时间复杂度为 $O(n)$；而画星星的算法，五角星画线需要 10 条语句，n 角星需要 $2n$ 条语句，2 为常数，时间复杂度为 $O(n)$。

图 3-17 所示为常见时间复杂度对比图。

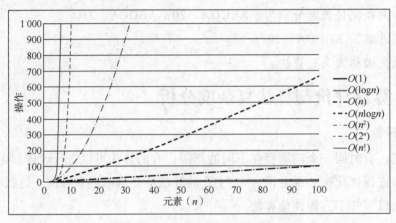

图 3-17 常见时间复杂度对比图

（2）空间复杂度

算法的空间复杂度是指执行算法所需的内存空间。其计算和表示方法与时间复杂度类似，一般都用复杂度的渐近性来表示。随着计算机技术的发展，计算机的存储容量不断扩大，一般不会因内存空间而影响算法实现，因此此处不再赘述。

作业与实践

1. 简单选择排序算法只是排序算法中选择类算法的一种，排序算法还有很多，如插入类、交换类等。你能想出其他排序算法吗？能想出多少种？

2. 在本书算法中找出第一个最小数，我们要从第 1 个数字开始与第 2 个一直到第 n 个数字进行比较，而找到第二个最小数，要将 $2\sim n$ 个数字进行比较，做了很多重复的工作，你能不能想个办法改进一下这个算法让它更简单，或者说通过更少的运算得到结果？这就叫作算法的优化，算法的优劣到底通过什么判定？

3. 送外卖问题使用贪心算法得到的可行解与使用遍历算法得到的最优解是相同的，那么是不是所有旅行商问题使用贪心算法得到的解就是最优解呢？

4. 外卖小哥送餐除了考虑路的远近外，还需要考虑哪些因素？

5. 你能否以计算机为工具设计某种可行的算法，判断《红楼梦》的后三十回是否为曹雪芹所著？

6. 你的一个外国朋友想到中国旅行 1 个月左右，你能帮他制定一个比较详细的旅游攻略吗？

7. 假设你穿越到 20 世纪 40 年代，遇到了冯·诺依曼博士，他正在准备设计制造 EDVAC 计算机，你能给他提供什么理论上的帮助？冯·诺依曼博士还会向你追问什么呢？你能一一帮他解答吗？（一组扮演穿越者，准备提供帮助和回答问题；一组扮演冯·诺依曼博士，提出各种与设计制造计算机相关的、难以解决的问题。）

第4章
人工智能

人工智能（Artificial Intelligence，AI）与空间技术、能源技术并称为世界三大尖端技术，它是在计算机科学、控制论、信息论等多种学科研究的基础上发展起来的一门前沿综合性学科。它的目标是希望计算机拥有像人一样的智力及能力，可以替代人类实现识别、认知、分类和决策等多种功能。该领域的研究包括机器人、语言识别、图像识别、自然语言处理和专家系统等。

人工智能主要研究如何运用电子计算机模仿人类大脑与行为，深入探究人脑智能活动的内在规律，进而形成具备一定程度智能化的系统。从这个层面上看，人工智能的核心内容即"计算"与"思维"。本章主要讨论人工智能的基本理论、原理、方法和应用。

4.1　人工智能概述

4.1.1　人工智能的概念

由于人工智能学科本身相对较短的发展历史以及学科所涉及领域的多样性，人工智能目前还没有确切的定义。以下是不同学者从不同角度、不同层面给出的人工智能的定义。

"人工智能之父"约翰·麦卡锡（John McCarthy）教授认为：人工智能是能使一部机器的反应方式就像是一个人在行动时所依据的智能。

美国人工智能协会前主席马特·温斯顿（Matt Winston）教授认为：人工智能就是研究如何使计算机去做过去只有人才能做的智能工作。

美国斯坦福大学人工智能研究中心尼尔逊（Nilson）教授给人工智能下了这样的定义：人工智能是关于知识的学科——怎样表示知识以及怎样获得知识并使用知识的科学。

综合各种不同的观点，从科学的角度来说，人工智能是研究、开发用于模拟、延伸和扩展人的智能的理论、方法、技术及应用系统的一门新的技术科学。

4.1.2　人工智能的发展历史

到目前为止，人工智能的发展大致经历了孕育期、形成期、发展期 3 个主要阶段。

1.　孕育期（1955 年以前）

这一时期的主要成就是提出了人工智能的思想，在数理逻辑、计算机理论和计算机模型等方面取得了丰硕的研究成果。

1936 年，英国数学家图灵（Turing）提出了一种理想计算机的数学模型——图灵机模型，这为后来电子计算机的问世奠定了理论基础。

1943 年，美国神经生理学家麦克洛奇（McCulloch）和数理逻辑学家皮兹（Pitts）提出了第一个神经网络模型——M-P 模型，开创了神经科学研究的新时代。

1945 年，美籍匈牙利数学家冯·诺依曼提出了存储程序的概念。1946 年，世界上第一台通用电子计算机 ENIAC 研制成功，为人工智能的诞生奠定了物质基础。

1950 年，图灵提出了著名的"图灵测试"，给智能的标准提供了明确的依据。

这一时期被称为人工智能的孕育期，人工智能的基本雏形已经初步形成。

2.　形成期（1956—1969 年）

这一时期主要是对定理证明、机器学习、模式识别、问题求解等方面的早期研究。

1956 年，麦卡锡等人在达特茅斯大学召开会议，第一次提出了"人工智能"这一术语，这标志着人工智能的诞生。

1956 年，塞缪尔（Samuel）研制了具有自学能力的西洋跳棋程序。该程序具备从棋谱中学习、在实践中总结经验提高棋艺的能力。

1957 年，纽厄尔（Newell）和西蒙（Simon）等人编制出了一个数学定理证明程序，该程序能模拟人类用数理逻辑证明定理时的思维规律。

1958 年，麦卡锡研制出的表处理语言 LISP，成为人工智能程序设计的主要语言，至今仍被广泛采用。

1965 年，鲁滨逊（Robinson）提出了归结原理，这种方法成为自动定理证明的主要技术。

1969 年，国际人工智能联合会议举行，标志着人工智能这门学科已经得到了世界的公认和肯定。

以上这些早期的成果表明人工智能作为一门新兴学科得到了蓬勃发展。

3.　发展期（1970 年以后）

在这一时期，人工智能的研究活动越来越受到专家学者的重视，不但在问题求解、博弈、程序设计、自然语言理解等领域的发展取得了深入进展，而且人工智能也开始走向实用化的应用研究。人工智能的理论和成果被广泛地应用于化学、医疗、气象、地质、军事和教学等诸多领域。

1976 年研制成功的用于血液病治疗的专家系统 MYCIN，不仅能够识别 51 种病菌，正确使用 23 种抗生素，还能协助医生诊断、治疗细菌感染性血液病，为患者提供最佳处方。

1972 年，维诺格拉德（Winograd）开发了一个在"积木世界"中进行英语对话的自然语言理解系统 SHRDLU，该系统模拟一个能操纵桌子上一些玩具积木的机器人手臂，用户通过人-机对话方式命令机器人摆弄那些积木块，系统则通过屏幕来给出回答并显示现场的相应情景。

1982 年，霍普菲尔德（Hopfield）提出了一种全互连型人工神经网络，成功解决了 NP（Non-deterministic Polynomial，多项式复杂程度的非确定性问题）完全的旅行商问题。

1997 年，深蓝（Deep Blue）成为第一个战胜国际象棋世界冠军的计算机系统。

总之，从上述人工智能的发展历史可以看出，人工智能在某些领域已经取得了许多成就。随着计算机网络技术和信息技术的不断发展，人工智能领域的研究也将拥有更大的发展空间。

4.1.3　图灵测试

1950 年，计算科学理论奠基人图灵发表了题为《机器能思考吗》的论文，在论文里提出了著名的"图灵测试"：一个人在不接触对方的情况下，通过一种特殊的方式，与对方进行一系列的问答，如果在相当长的时间内，他无法根据这些问题判断对方是人还是机器，就可以认为这个机器具有与人相同的智力，即这台机器是能思维的（见图 4-1）。

图 4-1　图灵测试

【例 4-1】

问：12 563 加 85 619 等于多少？

答：（停 20s 后）98 182。

问：你会下国际象棋吗？

答：是的。

问：我在我的 K1 处有棋子 K；你仅在 K6 处有棋子 K，在 R1 处有棋子 R。现在轮到你走，你应该下哪步棋？

答：（停 15s 后）棋子 R 走到 R8 处，将军！

在这个例子中，测试者大概会认为回答问题的是人。

【例 4-2】

问：1+1 等于多少？

答：2。

问：1+1 等于多少？

答：2。

问：1+1 等于多少？

答：2。

在这个例子中测试者多半会认为，这是一部笨机器。但如果通过编制程序，使得提问与回答呈现下面的状态。

【例 4-3】

问：1+1 等于多少？

答：2。

问：1+1 等于多少？

答：2，我不是已经说过了吗？

问：1+1 等于多少？

答：你烦不烦，干吗老提同样的问题？

此时，测试者大概会认为被测试者是活生生的人，而不是机器。

对于同样的问题，例 4-2 和例 4-3 的回答者给出了不同的答案，可以看出例 4-2 中的回答者是从知识库里提取简单的答案，例 4-3 中的回答者则具有分析综合的能力，回答者知道测试者在反复提出同样的问题。

一台计算机要想通过"图灵测试"，就需要它和人一样具有智能，能够合理回答人类所有可能想到的问题。根据现有的技术水平，目前还没有计算机能够通过图灵测试。根据这个特点，我们可以逆向使用图灵测试来解决一些复杂问题，例如为了防止恶意程序对网络系统攻击，除了要输入用户名和密码外，还要能识别出系统自动产生的一些变形文字。

4.2　人工智能的应用领域

4.2.1　专家系统

专家系统（Expert System）是一个模拟人类专家解决领域问题的计算机程序系统，内部含有大量的某个领域专家水平的知识与经验，运用知识和推理步骤来解决只有专家才能解决的问题。专家系统是目前人工智能中最活跃、最有成效的一个研究领域。

专家系统的一般结构如图 4-2 所示。

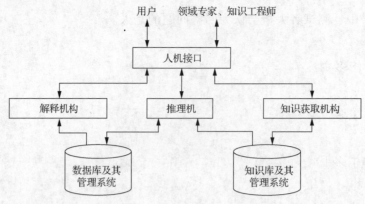

图 4-2　专家系统的一般结构

专家系统各项的功能介绍如下。

① 用户：输入欲求解的问题、已知事实以及向系统提出询问。

② 领域专家、知识工程师：输入知识，更新、完善知识库。

③ 人机接口：由一组程序及相应的硬件组成，用于完成输入、输出工作。系统通过它输出运行结果、回答用户的询问或者向用户索取进一步的事实。

④ 解释机构：以用户便于接受的方式向用户解释自己的推理过程。

⑤ 推理机：一组用来控制、协调整个专家系统的程序。

⑥ 知识获取机构：由一组程序组成，其基本任务是把知识输入知识库中。

⑦ 数据库及其管理系统：求解过程中数据的集合，存储有关领域问题的事实、数据、初始状态和推理过程的各种中间状态及求解目标等。

⑧ 知识库及其管理系统：存储领域内的原理性知识、专家的经验性知识以及有关的事实，负责对知识库中的知识进行组织、检索、维护等。

专家系统的基本工作过程：用户通过人机界面回答系统的提问，推理机将用户输入的信息与知识库中的知识进行推理，不断地由已知的前提推出未知的结论（即中间结果），并将中间结果放到数据库中，最后将得出的最终结论呈现给用户。在专家系统运行过程中，会不断地通过人机接口与用户进行交互，向用户提问，并为用户做出解释。

专家系统是人工智能应用研究的一个重要分支，已被广泛应用于工业、农业、地质矿产、医疗、教育和军事等众多领域。图 4-3 所示是专家系统在农业方面的应用。

4.2.2　自然语言理解

随着科技的进步和人机交互需求的扩大，个人智能助理发展越来越快，例如苹果公司的 Siri、微软公司的小冰、百度公司的小度等人工智能已经应用在我们生活的各个方面。这些智能助理尽管能力有大有小，但都有一个特点——用户能通过"自然语言"与其交互，相比传统的用关键词进行搜索的方法，这显然是一个不小的进步。例如，当用户说"订一张明天从北京去杭州的机票"时，一般的搜索引擎会给出图 4-4 所示的网页列表。而个人智能助理会直接给出图 4-5 所示的答案。

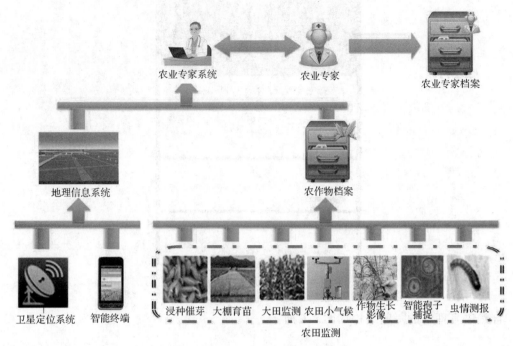

图 4-3　农业专家系统

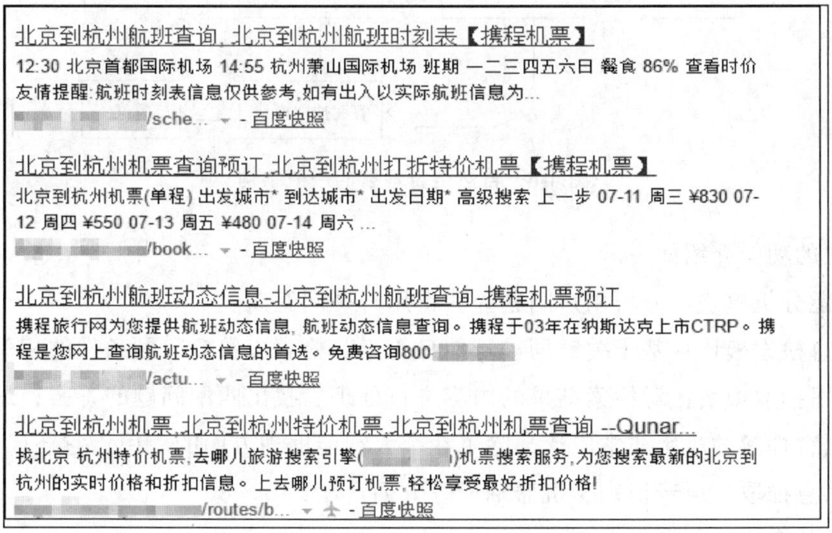

图 4-4　搜索引擎搜索结果

　　要想从"订一张明天从北京去杭州的机票"的问题得到图 4-5 所示的直接答案，关键的一步就是智能助理要理解自然语言。自然语言理解（Nature Language Processing，NLP）又叫自然语言处理，主要研究如何使得计算机能够理解和生成自然语言。NLP 的目标是让计算机在理解语言上像人类一样智能，弥补人类自然语言和机器语言之间的差距。

图 4-5　个人智能助理搜索结果

自然语言理解的一般结构如图 4-6 所示。

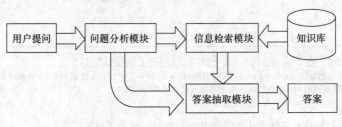

图 4-6　自然语言理解的一般结构

其各项的功能介绍如下。

① 问题分析模块：分析用户问题并获得用户疑问意向。

② 信息检索模块：基于关键词进行信息检索，检索出符合问题条件的相关信息。

③ 答案抽取模块：对检索结果的内容进行处理，找出匹配问题的答案，返回给用户。

自然语言理解的应用非常广泛，除了在个人智能助理方面的应用，它还广泛应用在信息检索、信息抽取、语音识别、机器翻译等方面。

下面举几个机器翻译的实例。

【例 4-4】把"机器翻译是自然语言处理的一个重要应用"翻译成英文，结果如图 4-7 所示。

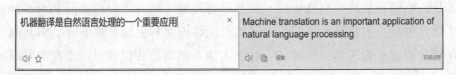

图 4-7　翻译实例 1

【例 4-5】把"天真的很蓝"翻译成英文，结果如图 4-8 所示。

图 4-8　翻译实例 2

从例 4-5 的翻译结果可以看出，机器翻译没有理解原话的本意，把"天真"翻译为"naive"显然是错误的。如果没有常识作为基础，那么机器翻译理解人类的语言必然非常困难。如果机器想要像人一样正确翻译，就必须掌握所有常识，并且懂得合理设置情景。目前暂时还没出现较完美地支撑如此复杂内容的技术。

> **?思考：** 在日常使用中，你发现机器翻译还存在哪些问题？

4.2.3　模式识别

模式识别（Pattern Recognition）是使计算机能够对给定的事物进行鉴别，并把它归于与其相同或相似的模式中。模式就是存在于时间、空间中可观察的事物。例如，识别一个具体数字是印刷体还是手写体；再如，一个智能交通系统需要识别是否有汽车闯红灯、闯红灯的汽车车牌号码等。

模式识别系统的一般结构如图 4-9 所示。

图 4-9　模式识别系统的一般结构

其各项的功能介绍如下。

① 数据获取主要指获取计算机能处理的信息，如文字、指纹、地图、照片、脑电图等。

② 预处理主要指去除所获取信息中的噪声，增强有用的信息，及一切必要的使信息纯化的过程。

③ 特征提取和选择是指对原始数据进行转换，得到最能反映分类本质的特征。

④ 分类器设计的主要功能是通过训练确定判决规则，使按此类判决规则分类时，错误率最低。

⑤ 分类决策指在特征空间中对被识别对象进行分类。

经过多年的研究和发展，模式识别技术已广泛应用于人工智能、计算机工程、机器人、医学、宇航科学等许多重要领域，如指纹识别、虹膜识别、人脸识别、语音识别、数字（文字）识别、笔迹识别、工业故障检测等。下面以人脸识别为例分析模式识别的工作原理。

人脸识别是基于人的脸部特征信息进行身份识别的一种生物识别技术，是用摄像机或摄像头采集含有人脸的图像或视频，并自动在图像中检测和跟踪人脸，进而对检测到的人脸进行脸部识别的一系列相关技术，通常也叫作人像识别、面部识别。在当今众多的人体生物特征识别技术中，人脸识别技术以其实用性强、速度快、使用简单和识别精度高等特点占有明显的技术优势。

人脸的识别过程一般分三步。

（1）采集已知样本的人脸图像或视频，进行特征提取，将特征保存在模板库里。

（2）采集当前的未知样本的人脸图像或视频，进行特征提取。

（3）将未知样本所提取的特征与模板库中人脸的特征进行对比，完成识别过程。

我们可以将其过程表示为图 4-10。

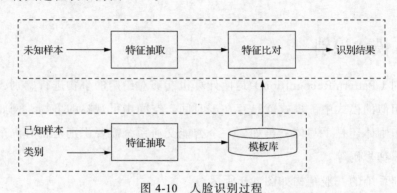

图 4-10　人脸识别过程

目前的人脸识别技术也存在一些问题，如不同人的面部图像具有相似的结构、同一个人的面部图像受各种因素的影响很大等。

> **？思考**：你还了解哪些人体生物特征识别技术？分别有哪些优缺点？

4.2.4　机器学习

机器学习（Machine Learning）专门用于研究计算机应该怎样模拟人类的学习行为，以便能够获取更多的知识或者能力，这是计算机具有智能的根本途径。正如有的学者所说："一台计算机若不会学习，就不能称其为具有智能。"

机器学习系统的一般结构如图 4-11 所示。

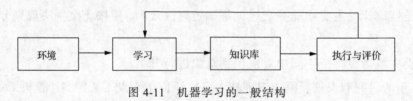

图 4-11　机器学习的一般结构

　　机器学习的工作过程为：机器在当前的环境中选择合适的学习方法，把学到的知识放到知识库中，然后对知识进行执行与评价，根据评价结果判断是否需要继续学习。

　　目前，机器学习已经得到十分广泛的应用，如数据挖掘、自然语言理解、搜索引擎等。例如，我们的邮箱经常收到各种各样的邮件，机器学习可以识别哪些是垃圾邮件；再如，根据以往的气象数据，机器学习可以预测未来几天的天气情况等。

4.2.5　博弈

　　诸如下棋、打牌、战争等竞争性的智能活动被称为"博弈"（Game Playing）。博弈是人类社会和自然界中普遍存在的一种现象，博弈的双方可以是个人或群体，也可以是生物群或智能机器，各自都力图用自己的智力击败对方。

　　1997 年 5 月，IBM 公司研制的深蓝（Deep Blue）计算机（见图 4-12）仅用了一小时便轻松战胜国际象棋特级大师卡斯帕罗夫，并以 3.5∶2.5 的总比分赢得最终胜利。

图 4-12　Deep Blue

　　2011 年 2 月 16 日，在美国智力竞猜节目《危险边缘》第三场比赛中，IBM 公司的超级计算机沃森（Waston）（见图 4-13）以数倍的巨大分数优势力压该竞猜节目有史以来最强的两位选手肯·詹宁斯（Ken Jennings）和布拉德·鲁特（Brad Rutter），夺得这场人机大战的冠军。

　　为了让沃森更具竞争力，IBM 团队为系统配备了高级数学算法和机器学习等强大的人工智能技术。沃森把问题内容打成碎片，然后努力理解它，在几百万本书和无数的文件内搜索，广泛涵盖了《危险边缘》涉及的主题，找出几千个可能的答案。沃森从所有材料中搜集、分析和对比数据，缩小可能的答案范围，成千上万个不同的算法同时发挥作用，为每种可能的答案打分，全部过程都在一瞬间完成。

　　2016 年 3 月，阿尔法围棋（AlphaGo）与围棋世界冠军、职业九段棋手李世石进行围棋人机大战，以 4∶1 的总比分获胜。阿尔法围棋是第一个战胜围棋世界冠军的人工

> ? 思考：AlphaGo 战胜李世石是否说明人工智能战胜了人类智能呢？

智能机器人，由谷歌（Google）旗下 DeepMind 公司开发，其主要的工作原理是"深度学习"（Deep Learning）。

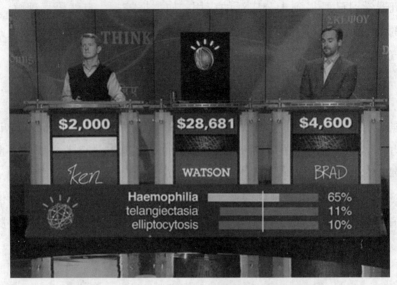

图 4-13　IBM 公司的超级计算机沃森

4.3　人工智能的相关技术

人工智能、物联网、云计算、大数据等高科技会颠覆人们传统的生活方式和工作方式，因此我们有必要认识和了解什么是物联网、云计算、大数据，才能更好地理解它们和人工智能之间的关系。

4.3.1　物联网

物联网（Internet of Things，IoT）被定义为通过射频识别（Radio Frequency Identification，RFID）、红外线感应器、全球定位系统、激光扫描器、气体感应器等信息传感设备，按约定的协议把任何物品与互联网连接起来进行信息交换，以实现智能化识别、定位、跟踪、监控和管理的一种网络。物联网是互联网发展的延伸，万物通过云计算、大数据相连，从而实现物与物的直接交流（见图 4-14），简而言之，物联网就是"物物相连的互联网"。

对于人工智能而言，物联网的任务是资料收集。物联网可连接大量不同的设备及装置，包括家用电器和穿戴式设备。世界上的万事万物，小到手表、钥匙，大到汽车、楼房，只要嵌入一个微型感应芯片，就可以把它变得智能化，再借助无线网络技术，人们就可以和物体"对话"，物体和物体之间也能"交流"。

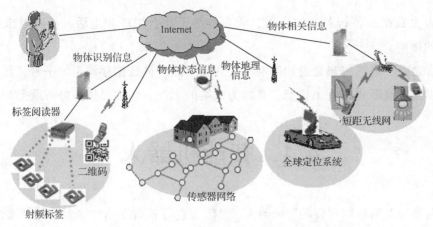

图 4-14　物联网概念示意图

❓思考：你想象的未来智能家居是什么样的呢？

物联网有许多广泛的用途，遍及智能交通、环境保护、政府工作、公共安全、平安家居、智能消防、工业监测、老人护理、个人健康、花卉栽培、水系监测、食品溯源和情报搜集等多个领域。

物联网即将进入高速发展期，它是继计算机、互联网与移动通信网之后的又一次信息产业浪潮，是一个全新的技术领域，被称为下一个万亿级的通信业务。

4.3.2　云计算

物联网的发展离不开云计算（Cloud Computing）技术的支持。物联网中的终端的计算和存储能力有限，云计算平台可以作为物联网的"大脑"，实现对海量数据的存储、处理。云计算是一种把 IT 资源、数据、应用作为服务通过网络提供给用户的计算模式。提供资源的网络被称为"云"。云计算甚至可以让普通用户体验每秒 10 万亿次的运算能力，如此强大的计算能力可以模拟核爆炸、预测气候变化和市场发展趋势等。

云计算技术逐渐成熟，不仅被广泛应用于科研、医学、互联网、网络安全等多个领域，也逐渐进入我们的日常生活中，为我们带来极大便利。

4.3.3　大数据

大数据（Dig Data）是需要新处理模式才能具有更强的决策力、洞察发现力和流程优化能力的海量、高增长率和多样化的信息资产。大数据就是"未来的新石油"，它不仅要收集各种数据，还要采用分类处理技术、基于处理需求对数据进行分类处理。大数据有 5V 的特点：Volume（大量）、Velocity（高速）、Variety（多样）、Value（有价值）、Veracity（真实性）。

大数据无处不在，其应用已渗透到各个行业，包括金融、汽车、餐饮、电信、能源和娱乐等。大数据在各行各业的应用，大大推动了社会生产和生活，必将对未来产生重大而深远的影响。

总而言之，不远的将来通过物联网产生并收集的海量数据存储于云平台，再通过大数据分析，以及更高形式的人工智能，必将为人类的生产、生活提供更好的服务。

4.4　智能机器人

智能机器人之所以叫"智能"机器人，是因为它有相当发达的"大脑"。智能机器人的发展是一个国家高科技水平和工业自动化程度的重要标志和体现。自从 1959 年世界上第一台工业机器人诞生以来，机器人的应用已经从工业领域发展到各行各业，如服务业、军事、空间探测、水下探测等领域。下面介绍几种常见的机器人。

4.4.1　扫地机器人

1. 扫地机器人的功能

扫地机器人（见图 4-15）又称自动打扫机，是智能家用电器的一种，它能凭借一定的智能分析功能，自动在房间内完成地板清理工作。它一般采用刷扫方式，将地面杂物吸进自身的垃圾收纳盒，从而完成地面清理的功能。

图 4-15　扫地机器人

扫地机器人的功能如下。

（1）当探测到地面上的灰尘时，它能自动进入重点清扫。

（2）它具有双面刷设计，可有效清洁边边角角。

（3）它能感受障碍物，自行调整方向，避免与家具和墙壁发生碰撞。

（4）当感应到快没电时，它会自动返回充电底座进行充电。

2. 扫地功能的实现

扫地机器人是如何实现这些功能的呢？下面进行详细介绍。

（1）认路。目前主流的寻路系统有两种：一种是随机碰撞寻路系统，即边撞边找路；另一种则是比较高端的路径规划寻路系统，即先扫描整个房间，然后根据扫描地图来制订清扫路径。这两者当中，随机碰撞寻路系统的扫地机器人效率不高，经常会出现"转圈圈"的情况。路径规划寻路系统的扫地机器人采用的是激光测距方式，通过顶部的激光雷达，进行 360° 扫描，然后通过算法来绘制房间的地图，根据房间的情况划分清扫区域，最后按照规划的路线进行清扫。这种扫地机器人可以合理地规划清扫路线，而不是试探着撞来撞去，用户直观的感受是它看起来比较聪明。两种寻路系统的路径如图 4-16 所示。

图 4-16　随机碰撞寻路系统（左）和路径规划寻路系统（右）的路径

从图 4-16 中可以看到路径规划寻路系统的机器人清扫路径比较稳定、规律，覆盖更全面，但是由于不走回头路，机器只扫一遍就返回，重点污渍往往得不到很好的清理。而随机碰撞寻路系统的机器人，路径相对比较混乱，而且存在清扫面积覆盖不均匀的情况，不仅会漏扫，而且有些地方会反复扫。

（2）识别。智能扫地机器人能够识别地面垃圾，其实是通过红外感应，识别地板上的垃圾，然后决定是用吸、扫还是擦的方式清理。当前的扫地机器人还只能做到识别有没有垃圾，清扫的方式也比较单一。

（3）充电。智能扫地机器人通过感知充电底座发射信号来实现自动返充，在清扫完成或者机器快没电的情况下，机器就会自动寻找充电底座发出的信号，一旦进入信号范围，它就能够靠定位自动返回进行充电。

扫地机器人给我们带来了很大方便，但是也存在一些缺陷，如它经常会被一些电线、植物缠绕；会做很多重复的工作，导致打扫时间过长等。

4.4.2　Siri 机器人

Siri 是苹果公司在其产品 iPhone 上应用的一项智能语音控制功能（见图 4-17）。用户可以通过手机利用 Siri 读短信、介绍餐厅、询问天气、语音设置闹钟等。Siri 可以支持自然语言输入，还能够不断学习新的声音和语调，提供对话式的应答。

图 4-17　Siri 机器人

Siri 是如何实现这些功能的呢？下面进行介绍。

（1）在前端方面，即面向用户和用户交互的技术主要是语音识别及语音合成技术。语音识别技术是把用户的口语转化成文字，其中需要强大的语音知识库，因此需要用到云计算，语音合成则是把返回的文字结果转化成语音输出。

（2）后台技术是处理用户的请求，并返回最匹配的结果。通过分析用户的输入类型，采用合适的技术进行处理。

Siri 工作原理如图 4-18 所示。

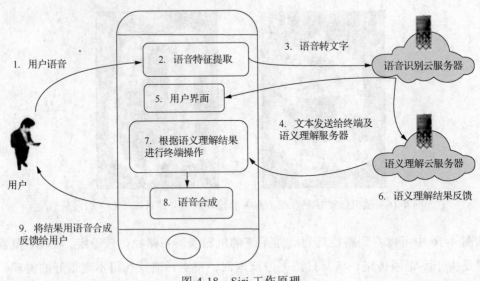

图 4-18　Siri 工作原理

目前 Siri 智能程度并不高，因为它只能被动地反馈用户提出的一些简单问题，有些对话 Siri 并不能完全理解，这时 Siri 就会说"我不太明白你说了什么"。随着科学技术的发展，Siri 通过机器学习，将能够与用户主动沟通，成为用户贴心的小助手。

? 思考：你在使用 Siri 的过程中，发现 Siri 存在哪些问题？

4.4.3　物流分拣机器人

从 2017 年开始，物流分拣机器人"小黄人"在物流行业被迅速、广泛应用，无论是 EMS、京东，还是申通等物流公司，都纷纷使用"小黄人"进行快递分拣（见图 4-19）。该机器人有以下特点。

（1）自动扫描快递条形码并确认快递目的地。

（2）可以实现自动充电。

（3）可以自动躲避其他机器人。

（4）分拣速度快，可实现高效率分拣。

那么，"小黄人"的工作原理是什么呢？

图 4-19 物流分拣机器人

不同类型的分拣机器人无论外形如何，都有图像识别系统，通过磁条引导、激光引导、超高频 RFID（射频识别技术）引导，以及机器视觉识别技术，分拣机器人可以自动行驶，"看到"不同的物品形状之后，机器人可以将托盘上的物品自动运送到指定的位置。随着我国电子商务和物流业的发展，物流分拣机器人在物流系统中体现出非常大的应用优势及推广价值。

> **？思考：** 你还了解哪些机器人？介绍一下吧。

尽管国内外对智能机器人的研究已经取得了很多成果，但是机器人智能化总体水平还不是很高，因此必须加快智能机器人的发展，推动社会的进步和发展。

人工智能已经应用到我们生活的各个领域，正在改变着整个世界。人工智能的发展，是人类科学技术发展的必然趋势。面对这一趋势，我们应该不断拓展，锐意创新，真正让人工智能促进社会的进步与发展。

> **？思考：** 你认为将来的人工智能是否会统治世界？

作业与实践

1. 分析你身边的人工智能应用实例，说明其工作原理。

2. "中文房间"问题。"中文房间"最早由美国哲学家约翰·希尔勒（John Searle）提出。希尔勒假设：他本人在一个封闭的房间里，房间有输入和输出缝隙与外部相通，房间内有一本英语的指令手册，从中可以找到对于某个外部来的信息应给的正确输出。在这个假设下，房间相当于一台计算机，用于输入/输出的缝隙相当于计算机的输入/输出系统，希尔勒扮演计算机中的 CPU，房间的指令手册则是 CPU 运行的程序。外部输入给房间的是中文问题，而房间内的希尔勒事先已经声明自己对中文一窍不通，他只是根据英语的指令手册，按规则办事，找到对应于中文输入的解答，然后把作为答案的中文符号写在纸上，再从缝隙输出到外面。考虑到指令手册来源于经过检验的、能正确回答问题的故事理解程序，因此希尔勒能处理输入的中文问题并给出正确答案。这就如同这台计算机通过了图灵测试。

问题：是不是只要一台计算机通过了图灵测试，就意味着它具有了理解能力，具备了真正的智能？

3. 博弈-囚徒困境：某国警方逮捕了甲、乙两名嫌疑犯，但没有足够证据指控二人有罪。于是警方分开囚禁嫌疑犯，并分别和二人见面，向双方提供以下相同的选择。

若一人认罪并作证检控对方，而对方保持沉默，此人将即时获释，沉默者将入狱 10 年。

若二人都保持沉默，则二人同样入狱半年。

若二人都互相检举，则二人同样入狱两年。

分析双方会做何种选择。

第5章
Google Blockly 语言程序设计

5.1 初识可视化编程语言 Google Blockly

Google Blockly（以下简称 Blockly）是谷歌（Google）公司于 2012 年发布的基于网页的可视化编程语言，其思想最早来源于美国数学家西摩尔·派普特（Seymour Papert）在从事儿童学习的研究时使用的 LOGO 语言。Blockly 可以用离线或在线两种方式在 Windows、Linux 和 Android 各类平台上的浏览器端进行编程。

5.1.1 Blockly 的特点

1. 简单易学

Google Blockly 抛弃了烦琐的代码语法，以直观的图形化模块进行编程，具有简单易学的特点。

2. 语言转换方便

在 Blockly 中有一个语言转换工具箱，可以将图形化编程语言转化成 JavaScript、Python、PHP 等多种语言代码。

3. 开源编程环境

Blockly 可以根据用户编程的要求自定义块元素，并将其导出至工具箱，在工作区完成代码的封装。

5.1.2 第一个 Blockly 程序

1. Blockly 编程环境

（1）在线编程环境

用户通过浏览器打开 Blockly 官网即可实现在线编程。

（2）离线编程环境

用户在 GitHub 网站或 Blockly 主页上找到对应主机操作系统的文件包，下载解压之后，进入 Demos 目录，打开 index.html 即可。离线编程环境如图 5-1 所示。通过单击相应模块可以实现相应的功能，如单击"Code Editor"，可以使用块元素实现编程，并能生成 JavaScript、Python 等代码。

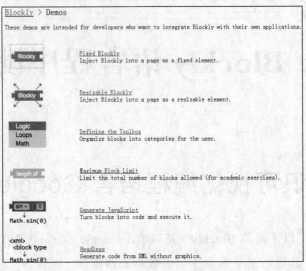

图 5-1　离线编程环境

2. Blockly 的块

Blockly 有 8 个块，如图 5-2 所示，所有的块都排放在左侧，使用时可根据正确的语法和适当的缺口对接实现预定的功能。各部分的功能分别如下。

（1）Logic 逻辑块：表明数据间的逻辑关系。

（2）Loops 循环控制块：表明循环的次数和循环体等。

（3）Math 数学运算块：设置数值及相关计算。

（4）Text 文本块：设置字符型数据及其相关操作。

（5）Lists 列表块：设置列表类型数据及其相关操作。

（6）Colour 颜色块：设置颜色。

（7）Variables 变量块：创建变量及赋值等。

（8）Functions 函数块：定义函数等。

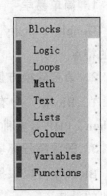

用户可以选择这些块来实现某些 Blockly 应用。此外，大多数 图 5-2　Blockly 的 8 个块
应用程序都会创建自己的自定义块。

3. 编写及运行 Hello World 程序

下边用 Blockly 来编写一个简单的程序，实现输出"Hello World!"的功能。

单击编程环境页面中的"Code Editor"，在打开界面的右上角可以看到 `English ▼`，即语言默认为英文显示，将其改为"简体中文"。再单击"文本"块中的块元素 打印 " abc " ，单击其中的"abc"，将其修改成"Hello World!"，如图 5-3 所示。

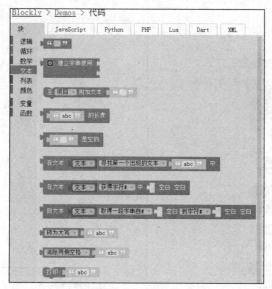

（a）打开"文本"块

（b）编辑块元素内容

图 5-3　Hello World 程序

单击右侧的"运行"按钮 ，得到图 5-4 所示的结果。

图 5-4　Hello World 程序运行结果

5.1.3　一个较复杂的 Blockly 程序

猜数字游戏：随机产生 1～10 的一个整数，请用户猜数字，即输入一个数，然后判断其是否与系统产生的数相同，一共有 5 次机会。程序如图 5-5 所示。

单击"运行"按钮，结果如图 5-6 所示。

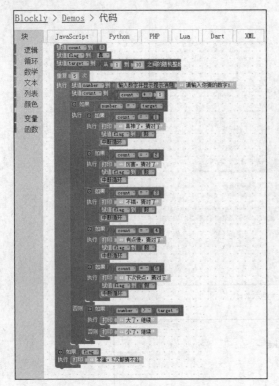

图 5-5　猜数字游戏的 Blockly 程序

图 5-6　猜数字游戏的运行结果

单击"Python"按钮，可见相应的 Python 程序代码如图 5-7 所示。

图 5-7　猜数字游戏的 Python 代码

由此可见，用户在不懂代码的情况下，使用 Blockly 仍可以较容易地编写出较长的程序。

5.1.4　块元素的基本操作

1．块元素的功能提示

鼠标指针指向文本块下面的第一个元素 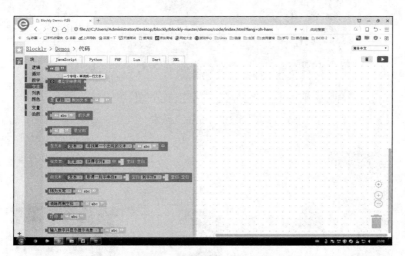 ，出现底色为黄色（注意，实际操作中可见相应的颜色，本书图中无法显示）的功能说明文字："一个字母、单词或一行文本。"，如图 5-8 所示。

图 5-8　块元素的功能提示

2．添加块元素

单击包含要添加块元素的块，选择要添加的块元素，就可以在编辑区添加相应的块元素。例如，添加"逻辑"块元素，如图 5-9 所示。

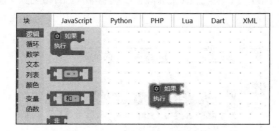

图 5-9　添加块元素

3．块元素的拓展

可以拓展的块元素的左上角有 ⚙ 标志，单击此标志，可以拓展块元素的内容，如图 5-10 所示。

如果想添加"否则"到"如果"的下面，可以拖动此块元素到"如果"下面，并与"如果"块连接，如图 5-11（a）所示，然后单击 ⚙ 标志，即可形成拓展后的新"如果"块，如图 5-11（b）所示。

4. 块元素的连接

拖动相应的块对准块的缺口，即可连接块元素，如图 5-12 所示。

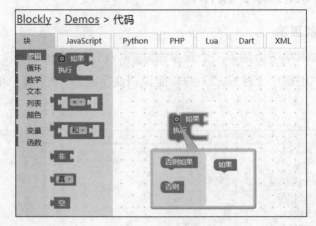

图 5-10　拓展块元素

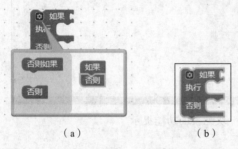
（a）

（b）

图 5-11　拓展"如果"块：添加"否则"　　　图 5-12　块元素的连接举例

5. 块元素的复制、添加注释、折叠、删除

鼠标指针指向要操作的块，单击鼠标右键，选择相应的复制、添加注释、折叠块、禁用块等功能即可，如图 5-13 所示。

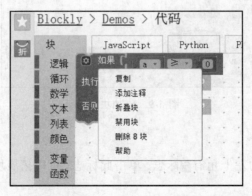

图 5-13　块元素的复制、添加注释、折叠、删除等功能

6. 选择网页显示语言

在网页的右上角选择"English"，显示英文块名称；选择"简体中文"，则显示中文块

名称，如图 5-14 所示。

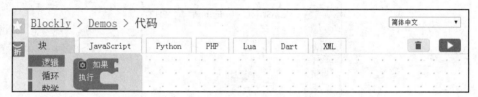

图 5-14　显示语言的选择

7. 块元素的显示及删除

右下角有 4 个按钮，从上到下分别对应块元素居中、放大显示、缩小显示以及把块放入垃圾箱（删除），如图 5-15 所示。

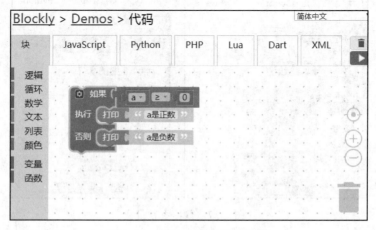

图 5-15　块元素的显示及删除

5.2　计算机语言的基本元素

3.3.2 节介绍了程序的基本构成，我们知道，程序设计语言包括两方面内容，一是语言的基本要素，二是这些要素的表达方法，即书写的规则或语法。不同语言的基本要素可能是相同的，但其语法表达差异很大，也正是这些语法上的差异，使得不同的程序设计语言具有不同的特性和不同的表达能力。一般的程序设计语言都具备常量、变量与表达式这些基本元素，下面以 Blockly 为例直观地介绍计算机语言的基本元素。

5.2.1　常量

在 Blockly 的逻辑块下面的"真或假"块元素是逻辑型常量，如图 5-16 所示。数学块下面块元素中的数字，颜色块下面的可以输入的数值，是数值型常量，如图 5-17 所示。文本块下面的""中可以输入常量，即字符型常量，如图 5-18 所示。

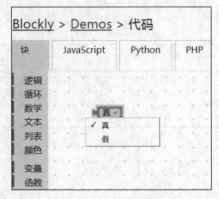

图 5-16 逻辑型常量

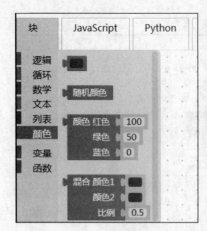 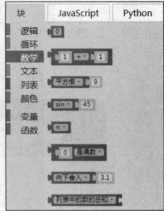

图 5-17 数值型常量

图 5-18 字符型常量

5.2.2 变量

变量可以在程序执行过程中被重新赋值，以"变量名=值"的形式，根据值的数据类型来确定变量的数据类型，如 x=5，x 变量的类型即数值型。

在 Blockly 中，首先创建变量名。单击变量块下的 创建变量... ，在弹出的对话框中输入变量的名称"x"。单击"确定"按钮即可创建一个变量"x"，如图 5-19 所示。然后可以给

x 赋值，如 x=10，在变量块下面单击 赋值 x▾ 到，在"数学"块下面单击 0，并将其连接起来，单击数字"0"，将其改为"10"，单击 JavaScript，可以看到相应于给变量赋值的代码，单击变量名右边向下的小箭头，可以看到一个小菜单，能修改变量名或删除变量。还可以继续单击 创建变量… 添加新的变量，如图 5-20 所示。

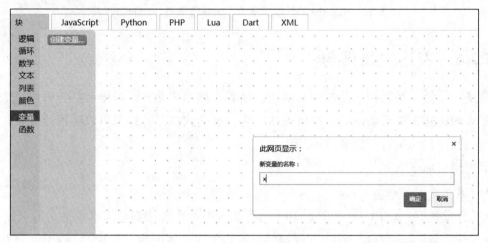

图 5-19　创建变量

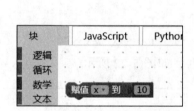 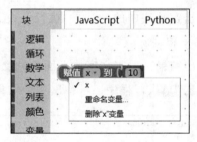

图 5-20　给变量赋值、添加新的变量

5.2.3　运算符

运算符可分为算术运算符、关系运算符和逻辑运算符。

算术运算符即加（+）、减（-）、乘（*）、除（/）等。关系运算符可用于比较两个值之间的关系，常用的有大于、小于、大于等于、小于等于，其结果是一个逻辑值即 True 或 False。例如，5>3 的结果是 True，"A">"B"的结果是 False。逻辑运算符可用于对逻辑值进行操作，即与运算、或运算、非运算等。例如，5>3 and"A">"B"的值是 False。

在 Blockly 中的运算符如图 5-21 所示。在逻辑块下面的一个块元素可表示两个量之间的关系，包括等于、不等于、小于等关系运算符。数学块下面有一个块元素可表示两个量之间的算术运算，包括加、减、乘、除、乘方。在逻辑块下面有块元素可表示基本的逻辑运算，"和"表示与运算，"或"表示或运算，"非"表示非运算。

图 5-21　Blockly 的算术运算符、关系运算符和逻辑运算符

5.2.4　表达式及语句

常量、变量、运算符按照规定的语法连接起来就是表达式。根据运算符可以把表达式分为算术表达式、关系表达式、逻辑表达式等。表达式的运算结果可以赋值给变量，或者作为控制程序语句执行的判断条件。

举例说明如下。

- 建立变量：x，y，z。
- 变量赋值：x=10，y=20，z=30（逗号隔开的 3 个算式都是算术表达式）。
- 设置条件：单击逻辑块中的 <span>□<=□</span>，再单击变量块中的 x 变量、y 变量，将其放入比较大小的块元素中，选择运算符，设置比较（x<y 和 y<z 是两个关系表达式）。
- 单击逻辑块中的"如果–执行"块元素，再单击逻辑运算块元素 <span>□<=□</span>，设置逻辑表达式"x<y 和 y<z"。
- 输出结果：单击文字块下面的 打印 " abc "，将"abc"改为 x<y<z。
- 单击 ▶ 执行程序，可弹出一个结果对话框，如图 5-22 所示。

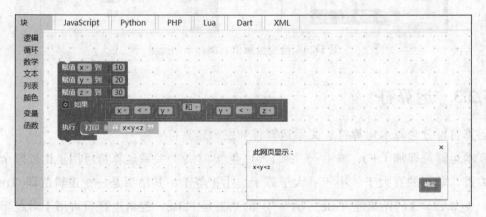

图 5-22　表达式举例

单击 JavaScript 可以看到相应的代码，如图 5-23 所示。其中"&&"表示"与"运算。

语句可以分为 3 类：赋值语句、控制语句、输入/输出语句。赋值语句通常是用"="来连接表达式和变量的语句。控制语句是控制程序执行路径的语句。输入/输出语句主要用于程序获取数据或将程序结果输出。

```
var x, z, y;


x = 10;
y = 20;
z = 30;
if (x < y && y < z) {
  window.alert('x<y<z');
}
```

图 5-23　对应的 JavaScript 代码

在上面的例子中，x 是一个变量，x=10 被称为赋值语句，可以理解为将值 10 赋给变量 x。另外，表达式的组合可以形成一个新的表达式，如 x<y && y<z 是 x<y 和 y<z 两个表达式通过逻辑运算符&&形成的一个新的表达式，用于判断条件。if(x<y && y<z)即控制语句，其作用是：只有此表达式的结果为真，才执行 window.alert('x<y<z')，即弹出一个对话框，内容是"x<y<z"。如果为假，则不弹出此对话框，可以修改 x、y、z 的值来验证。而 window.alert('x<y<z')则属于输出语句。

5.3　程序控制结构

5.3.1　顺序结构

最简单的程序控制结构是顺序结构，即依次书写一系列语句，程序执行时，按照顺序从上到下一条条地执行。

例如，编程实现求圆的面积。用自然语言描述该程序的算法如下。

第 1 步，给出变量 pi 的值为 3.14。

第 2 步，设置面积变量 s=pi*r*r。

第 3 步，输出 s 的值。

用 Blockly 实现该程序的步骤如下。

第 1 步，通过变量块，建立 3 个变量 pi、r、s。

第 2 步，结合数学块，分别对 3 个变量赋值。其中 s 的值要用到乘方运算，x 的平方即 x^2。

第 3 步，在文字块下面找到输出块元素，将"abc"修改成变量 s。

具体块元素的设置及运行结果如图 5-24 所示，单击 JavaScript 按钮，可以看到相应的 JavaScript 语句。

本例用到的就是程序的顺序结构，即从上到下，一条条语句顺序执行，没有选择是否执行或重复执行、跳转执行等。

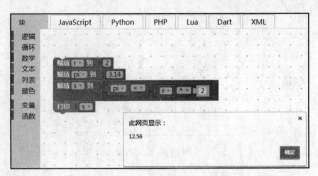

图 5-24　顺序结构程序示例

5.3.2　选择结构

在解决问题的过程中，如果要根据不同的条件执行不同的操作，就可以采用选择结构，也叫分支结构。

例如，加油站有 3 种汽油：92 号汽油 6.95 元/升、95 号汽油 7.44 元/升、98 号汽油 7.93 元/升。可根据用户加油的不同种类，计算油费。

用自然语言描述该程序的算法如下。

第 1 步，通过键盘输入汽油号和加油的数量（单位：升）。

第 2 步，根据不同的汽油号进行不同的计算，得出油费。

第 3 步，输出应该缴纳的油费。

用 Blockly 编程的具体步骤如下。

第 1 步，设置变量。在变量块下面添加汽油号变量"yh"、加油数量变量"shul"和油费变量"fei"。

第 2 步，进行变量赋值。添加给变量 yh 赋值的块元素。

第 3 步，设置用户输入。添加文字块下面的输入块元素，并将输入的数据类型改成"数字"，修改提示信息为"请输入油号"。

第 4 步，建立选择结构。单击逻辑块下面的"如果 – 执行"块元素，并单击左上角的符号，将其修改成"如果 – 否则、如果 – 否则、如果 – 否则"的结构。

第 5 步，添加条件，条件符合时执行相应的计算，并输出。

其中：

条件 1，如果 yh=92，则执行 fei=6.95*shul；

条件 2，如果 yh=95，则执行 fei=7.44*shul；

条件 3，如果 yh=98，则执行 fei=7.93*shul。

输出油费变量 fei 的值。

如果以上条件都不符合，则输入错误。

具体编程如图 5-25 所示。

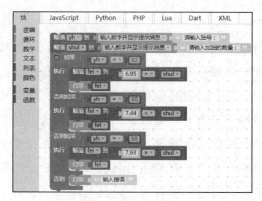

图 5-25　分支结构程序示例

单击执行按钮，通过对话框输入汽油号和加油的数量，得出油费的值。

5.3.3　循环结构

在解决问题的过程中，如果对于同类的操作要执行多次，就可以考虑使用循环结构。其中同类的重复操作称为循环体，控制循环次数的语句称为循环控制语句。

例如：求 1～100 的和（1+2+3+…+100）。解题步骤如下。

第 1 步，设置变量：sum（求和），i（计数器）。

第 2 步，赋初值：sum=0；i=1。

第 3 步，设置循环体：sum=sum+i。

第 4 步，设置循环次数：i 从 1 到 100，每次加 1。

在 Blockly 中，设置循环结构的是"循环"块元素。配合其他的块元素就可以解决上述问题。程序及执行结果如图 5-26 所示。

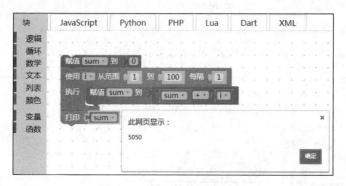

图 5-26　循环结构程序示例

5.3.4　函数

数学上有函数的概念，例如，$f(x)=x+5$，定义了这个函数之后，就可以在下面的运算中直接使用这个函数。例如，$y=f(x)+10$，给定一个 x 的值，就可以算出 $f(x)$ 的值，进而算

出 y 的值。

在程序设计中，与数学中的函数不同的是：函数是一段可以执行的程序。类似地，定义了函数就可以在下面的程序段中重复使用该段程序，以减少代码的重复书写，便于调试等。由此可以理解函数的概念：函数是由多条语句组成的，能够实现一定功能的程序段。

定义了函数之后，使用该函数就叫函数调用。函数一般由函数名、参数、函数体和返回值 4 部分构成。在定义时使用的参数称为形参，形参可以有 0 个（无形参）或多个。在调用时给出函数参数的值称为实参。在调用时将实参取代对应的形参来执行函数体中的语句以获取计算结果。函数可以有返回值，也可以没有返回值，对于有返回值的函数，在函数执行完之后将返回一个执行结果。

1. 自定义函数

在 Blockly 中，函数的定义可通过"函数"块来实现。下面通过 3 个例子来说明函数的定义及函数调用。

【例 5-1】无返回值的函数。输入一个 x 的值，求 $1\sim x$ 的和（$1+2+\cdots+x$）。

解题思路：先定义一个函数，求 $1\sim x$ 的和，再调用该函数计算，并输出计算结果。在 Blockly 的具体实现如下。

第 1 步，添加函数块元素。添加函数块中的"到做些什么…返回"，定义函数名为"计算 1 到 x 的和"。

第 2 步，定义函数体。sum=0，i 值从 1 到 x，sum=sum+i。

当定义完该函数，在函数块下面可以看到有块元素"计算 1 到 x 的和"，下面调用时，直接像使用其他块元素一样，将其添加到相应位置即可。

第 3 步，从键盘输入一个值，将其值赋给 x。

第 4 步，调用函数"计算 1 到 x 的和"。

第 5 步，输出 sum 的值。

运行程序并输入 10，即 x=10 时的运行结果，如图 5-27 所示。

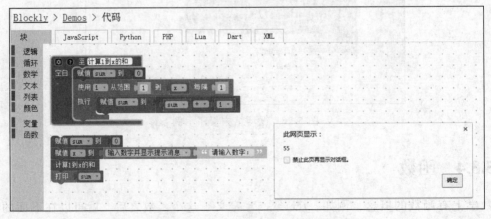

图 5-27　函数示例 1：无返回值的函数

【例 5-2】有返回值的函数。已知 $f(x)=x+5$（形参只有一个 x，函数名是 $f(x)$），编程实现一个分段函数：当 $x>0$ 时，$y=f(x)^2$，$x=0$ 时，$y=f(x)^3$，$x>0$ 时，$y=f(x)^5$。

解题步骤如下。

第 1 步，定义函数 $f(x)=x+5$。

第 2 步，用选择结构分别设置 y 值并输出。

解题步骤如图 5-28 所示。

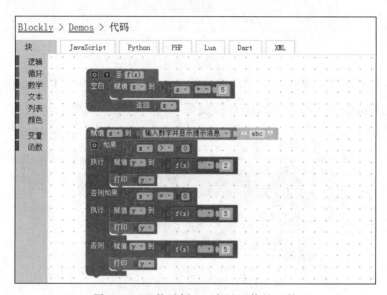

图 5-28　函数示例 2：有返回值的函数

从例 5-2 可以明显看出函数具有可以像块元素一样重复使用的功能，这种功能称为"代码复用"。

【例 5-3】有返回值、有多个形参的函数。已知语文、数学、英语 3 门课的成绩，根据表 5-1 编程判断等级。

表 5-1　　　　　　　　　　　　　　　　平均分与等级对应表

等级	分数区间
优秀	平均分≥90
良好	80≤平均分<90
合格	60≤平均分<80
不合格	平均分<60

解题步骤如下。

第 1 步，定义求平均值函数。添加函数带返回值的块元素，单击该块元素左上角的星形按钮，连续拖动"输入名称:"块元素到右边的"输入"下面。将一个形参扩展为 3 个形参 x、y、z，如图 5-29 所示。

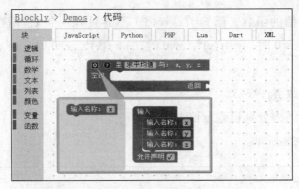

图 5-29 函数示例 3：首先定义三个形参

第 2 步，求平均值。建立一个平均分变量 pj，并将（x+y+z）/3 赋值给 pj，并返回 pj 的值。通过输出 pj 的值来检验平均值计算是否正确。程序块如图 5-30 所示。

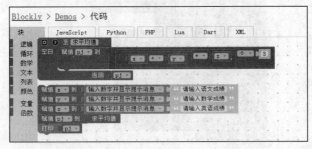

图 5-30 函数示例 3：求出平均分

第 3 步，通过选择结构来判断成绩等级。根据表 5-1 平均值所在的范围，判断属于哪一个成绩等级，并输出。

例 5-3 的完整程序如图 5-31 所示。

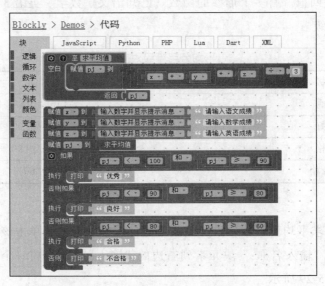

图 5-31 函数示例 3 的完整程序

例 5-3 中有 3 个形参 x、y、z，分别代表语文、数学、英语成绩，通过用户输入成绩，将实参传递给形参来计算平均分，并根据平均分来判断成绩的等级。此处需要注意在设置条件时块元素的嵌套。

本小节涉及的函数是用户自己定义的，称为自定义函数。

2. 内置函数

系统内部事先定义好的函数称为内置函数，如"数学"块中的"取余数""求随机整数"等，此处不再赘述。

5.4　列表

几乎每种编程语言都提供一个或多个表示一组元素的方法，多数语言采用数组，如 C 语言；Blockly 和 Python 语言都采用列表，列表和数组类似，可以表示一组有序序列，Blockly 中列表的数据项的索引序号是从 1 开始的。如图 5-32 所示，建立了一个列表 x={0,1,2}，在该列表中查找值是"1"的数据项，如果找到，就输出该数据项的索引序号；若找不到就输出 0。图 5-32 中"1"所在的索引序号为 2。

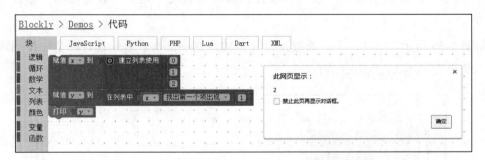

图 5-32　Blockly 的列表示例

下面介绍列表的相关操作。

5.4.1　列表的基本操作

1. 建立列表

（1）直接给定列表数据值来建立列表

列表中的数据项可以直接给定，数据项可以有多项，也可以没有，没有数据项的列表称为空列表。如图 5-33 所示，可以直接"创建空列表"，也可以通过"建立列表使用"块元素来建立有 3 个数据项的列表，还可以单击左上角的星形标志来增加或减少列表项。如图 5-34 所示，可以建立具有 4 个项目的列表。

图 5-33　空列表示例

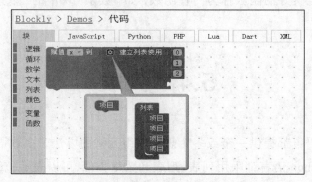

图 5-34　4 个数据项的列表

（2）通过修改已有列表形成新列表

① 对于有重复数据项的列表可以通过列表块元素的"建立列表使用项…重复…次"形成。

如图 5-35 所示，x={0,1,2}；通过重复 x 中的数据项 2 次，形成具有两个一维列表数据项的二维列表 y={[0,1,2], [0,1,2]}。

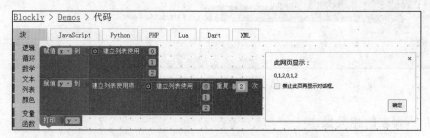

图 5-35　通过修改已有列表形成新列表：重复项目 2 次

② 通过取已有列表的部分列表项，形成新列表。

如图 5-36 所示，x={0,1,2,4,5}，从 x 中取第二项到第四项，形成子表 z={1,2,4}。

图 5-36　通过取已有列表的部分列表项形成新列表

③ 将从键盘输入的文本转换成列表。

如图 5-37 所示，输入"中国，美国，意大利"，将形成一个列表 x={'中国','美国','意大利'}。

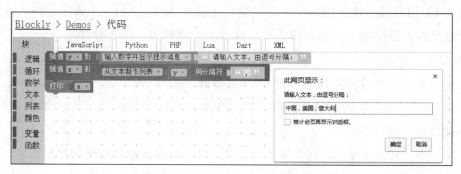

图 5-37　将文本输入转换成列表

2. 列表的内置函数

图 5-38 所示的列表块元素是列表的内置函数，依次可以实现以下功能。

（1）列表的长度。

（2）清空列表。

（3）列表项的索引。

（4）取得指定列表项。

（5）修改指定列表项。

（6）取得子列表。

（7）文本和列表的转换。

（8）列表项的排序。

这些内置函数可以在程序设计中直接使用。

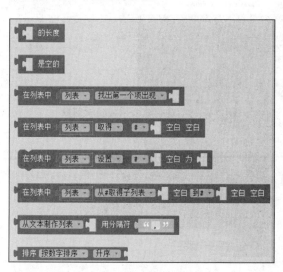

图 5-38　列表的内置函数

5.4.2 列表的应用

（1）在选择结构中，判断一个值是否为列表中的成员，根据判断结果执行相应的操作。

【例 5-4】用户通过键盘输入今天是星期几（输入 1～7 中的一个数字，输入 1 代表星期一），输出后天是星期几。如果输入不符合要求，则输出"输入错误"。

分析如下。

① 第 1 步，判断输入的数是否在 1～7 的范围内。

② 第 2 步，如果在合理的范围内，则判断输入的数+2 是否大于 7，如果小于等于 7 即为可输出的星期数。

③ 第 3 步，如果大于 7，则将该数除以 7，取其余数，即要输出的星期数。

在 Blockly 中，具体执行步骤如下。

第 1 步，建立列表 week={1,2,3,4,5,6,7}。

第 2 步，通过键盘输入一个 1～7 的数字，将其赋值给变量 y。

第 3 步，查找 y 值是否在列表中，如果在列表中，则返回值 z 不为零。

a. y=y+2。

b. 判断。如果 y≤7，则表示 y 值可用，输出字符串"后天是星期 y"。例如，输入的数字是 1，则输出"后天是星期 3"。

c. 如果 y＞7，则将 y 除以 7，取余数（在数学块下面），并赋值给变量 y，输出"后天是星期 y"。

第 4 步，如果 y 值不在列表 week 中，则输出"输入错误"。

程序如图 5-39 所示。

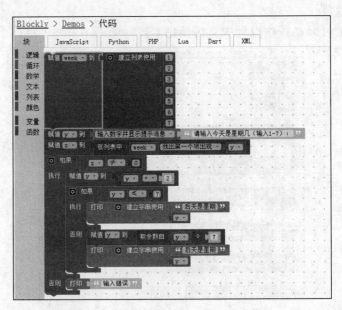

图 5-39 列表应用示例：后天是星期几

（2）在循环结构中，通过遍历列表中的成员，执行相应的循环体操作。

【例 5-5】从键盘输入 3 个整数，求它们的和及平均值。

解题步骤如下。

第 1 步，建立变量 sum，并赋值 0。

第 2 步，建立变量 list，并将键盘输入的 3 个数值赋值给 list 建立列表。

第 3 步，将 list 中的每个数取出来相加。

第 4 步，建立变量 aver，将平均值 sum/3 赋给 aver。

第 5 步，输出 3 个数的和 sum 的值，前面加字符串"这三个数的和是:"。

第 6 步，输出 3 个数的平均值 aver，前面加字符串"这三个数的平均值是:"。

例 5-5 中应用了列表作为循环条件。具体程序如图 5-40 所示。

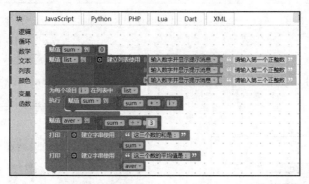

图 5-40　列表应用示例：求 3 个数的和与平均值

5.5　Blockly 开发

5.5.1　自定义块元素

如果开发人员采用 Blockly 为代码编辑器创建应用程序，需要熟悉 Blockly 的用法，并对 HTML 和 JavaScript 有基本认识。

下载 closure-library，与 blockly-master 放在同一级目录中。打开 demos 下面的 index.html，单击最后一个链接 Blockly Developer Tools，如图 5-41 所示。打开图 5-42 所示的开发界面，整体分为三部分：Block Factory（块工厂）、Block Exporter（块导出器）、Workspace Factory（工作区工厂）。

图 5-41　Blockly 开发工具

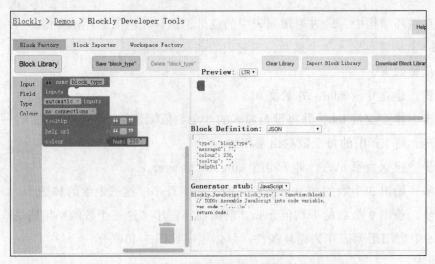

图 5-42　Blockly 开发界面

1. 块的属性

先了解块的属性，如图 5-43 所示。

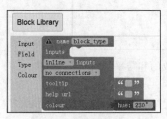

（a）基本属性

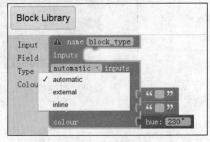

（b）输入

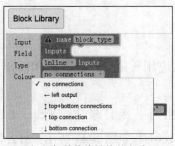

（c）与其他块链接的方式

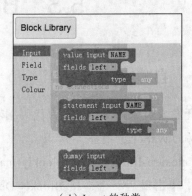

（d）Input 的种类

图 5-43　块的属性

图 5-43（a）所示为块的基本属性，具体如下。

name：名称。

inputs：输入。包括输入类型（automatic 默认是外部嵌入；external 表示外部嵌入；inline

表示内部嵌入），如图 5-43（b）所示。

表示与其他块链接的方式，默认为 no connections（无链接），另外还包括 left output（左链接）等，如图 5-43（c）所示。

tooltip：提示文字（用来说明该块的功能）。

help url：帮助链接地址（单击该链接地址可以打开相应的帮助网页）。

colour：颜色。

各个块的主要内容如下。

选择 "Input" 可以看到输入包括 value input（值输入）、statement input（声明输入）、dummy input（模拟输入），如图 5-43（d）所示。

选择 "Field" 能看到定义输入的各种设置。

选择 "Type" 可以设置数据类型：any 表示任何类型；Boolean 为布尔型；Number 为数值型；String 为字符型；Array 为数组；other 为其他类型。

选择 "Colour" 可以设置颜色的值。

最简单的建立块的过程实质就是设置这些属性的过程。

2. 块的保存

自定义块后，直接单击 "Save 'text-data'" 即可保存。如果再次改动同一个块，保存时直接单击 "Update 'text-data'" 即可。要无限期地保存块，可单击 "Download Block Library"，将块库导出为 XML 文件。

3. 块的导出

单击 "Block Exporter"，存储在块库中的块显示在 Block Selector（块选择器）中，如图 5-44 所示。设置导出块生成的文件（Export Settings）可以设置块定义和块生成代码，还可以选择是块定义和块生成代码同时导出，还是只导出其中一个，并命名相应的文件。Export Preview 是对代码的预览。都设置好之后，单击 "Export" 导出代码文件，该代码文件可以用写字板打开。

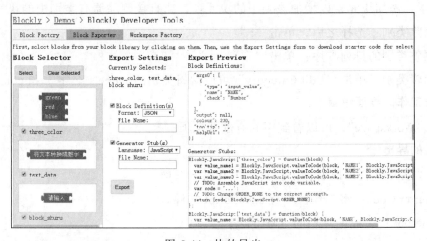

图 5-44　块的导出

4. 设置块的类别

单击"Workspace Factory",可以将块编辑到某一新建类别或已有类别,如图 5-45 所示。

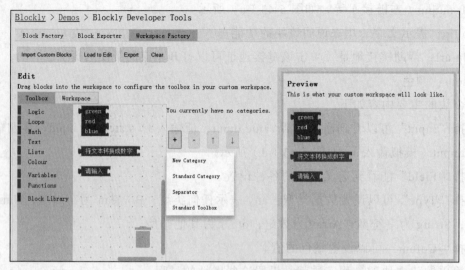

图 5-45　设置块的类别

（1）添加类别

在 Block Library 中有自定义块,将其拖到工作区中,单击右边的"+",可以看到如下的下拉菜单。

① New Category（新类别）：将工作区的块添加到新建的类别中。

② Standard Category（标准类别）：添加标准工具箱中的某一类别。

③ Separator（分隔）：添加空白以分隔类别。

④ Standard Toolbox（标准工具箱）：将所有标准工具箱一次性添加到类别中。

（2）修改类别

① 添加或删除块元素：单击某一类别,再修改左边的块元素,可以单击左边不同块下面的块元素,添加块元素以增加该类中的块元素,或直接删除原有类别中的块元素。

② 删除类别：选择之后,单击"−"。

③ 调整类别的排列顺序：单击"↑""↓"。

④ 编辑类别：单击"Edit Category"可以编辑类别的 name（名字）和 color（颜色）。

5. 块工作区界面设置

单击"Workspace",可以看到中间有配置选项。

6. 块的导出

单击"Export",可以看到下拉菜单中有以下选项。

① Starter Code：将工作区生成 JavaScript 文件。

② Toolbox：生成工具箱的 XML 文件。

③ Workspace Blocks：生成工作区块的 XML 文件。

导出块后，用户可以进一步利用块来开发程序。

5.5.2　将块嵌入网页

（1）打开 Dreamweaver，建立一个 HTML 文件。

（2）单击代码，修改网页标题，在下面引用 JavaScript 文件，代码如图 5-46 所示。

```
<title>网页中注入Blockly</title>
<script src="blockly_compressed.js"></script>
<script src="blocks_compressed.js"></script>
<script src="msg/js/en.js"></script>
```

图 5-46　修改网页标题的代码

（3）在<body></body>部分，加入<div>，并加入 Blockly 的 XML 代码和 JavaScript 代码，具体如图 5-47 所示。

```
<body>
<div id="blocklyDiv" style="height: 480px; width: 600px;">
<xml id="toolbox" style="display: none">
  <block type="controls_if"></block>
  <block type="controls_repeat_ext"></block>
  <block type="logic_compare"></block>
  <block type="math_number"></block>
  <block type="math_arithmetic"></block>
  <block type="text"></block>
  <block type="text_print"></block>
</xml>
<script>
  var workspacePlayground = Blockly.inject('blocklyDiv',
      {toolbox: document.getElementById('toolbox')});
</script>
</div>
</body>
```

图 5-47　加入代码

将该文件保存在与 blockly_compressed.js 相同的目录下，单击"文件/在浏览器中预览"，选择一种浏览器即可看到块被嵌入网页中，如图 5-48 所示。

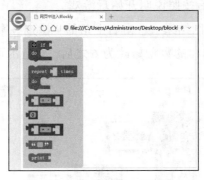

图 5-48　将块嵌入网页

5.6　Blockly 案例

5.6.1　Blockly 游戏

打开 Blockly-Games 文件夹下的 index.html，可以看到图 5-49 所示的游戏界面。

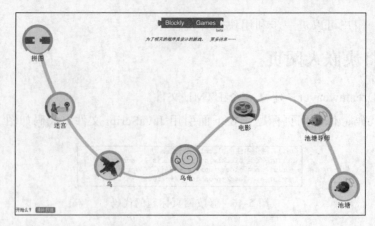

图 5-49　Blockly 的游戏界面

可通过该游戏练习前面讲到的程序设计知识。

1．拼图游戏

打开相应的游戏，如"拼图"，会出现游戏的操作说明，如图 5-50 所示。

图 5-50　拼图游戏界面

单击"确认"按钮，然后按照说明开始玩游戏。

假设有图 5-51 所示的拼图结果。单击右上角的"检查答案"按钮，可以知道答案是否正确，或哪里错误，把蜜蜂的腿的数量修改为 6 之后，会显示正确的界面，如图 5-52 所示。

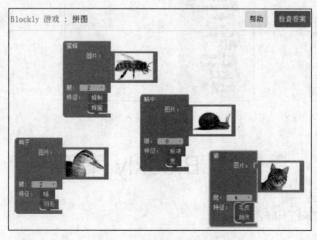

图 5-51　拼图游戏拼错的示例

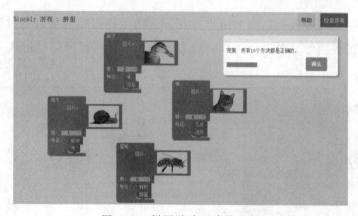

图 5-52　拼图游戏正确的示例

单击"确认"按钮，回到游戏的主界面。由此游戏可知，这是简单的顺序结构的应用。

2. 迷宫游戏

如图 5-53 所示，迷宫游戏分为 10 级，在右上角可以选择游戏中的形象。本游戏要综合用到顺序、分支和循环结构等知识。通过此游戏可以进一步认识程序设计的循环与分支结构，认识分支语句，理解循环语句的意义，掌握循环语句的使用方法，从而加深对 Blockly 的理解。

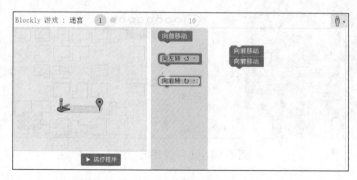

图 5-53　迷宫游戏

第一级：直接两次"向前移动"就可以，即执行默认的程序就可以完成。单击"运行程序"按钮，如图 5-54 所示。

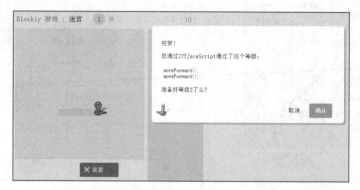

图 5-54　迷宫游戏第一级

单击"确认"按钮进入第二级。可以发现，直接运行程序就可以通过第二级，这里需要注意的是，删掉前两行"向左转"和"向右转"积木，同样可以通过这一级，如图 5-55 所示。

图 5-55　迷宫游戏第二级

第三级：可以应用循环通过这一级。此循环体中只有一行代码，如图 5-56 所示。

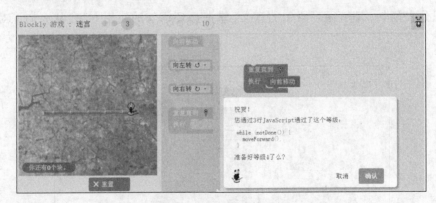

图 5-56　迷宫游戏第三级

第四级：可以应用循环通过这一级。此循环体中有 4 行代码，这 4 行代码之间是一个顺序结构，如此实现了阶梯式的行走，如图 5-57 所示。

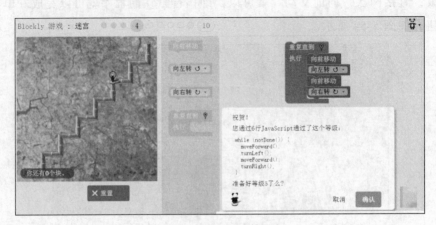

图 5-57　迷宫游戏第四级

第五级：这一级游戏的编程，可以看成第一级和第三级的结合，结合运用顺序结构和循环结构，如图 5-58 所示。

图 5-58　迷宫游戏第五级

第六级：分析要走的路径可知，只要有路，就先向前走，再左拐，而且这两个动作要重复直到终点。因此结合分支结构和循环结构来实现，如图 5-59 所示。

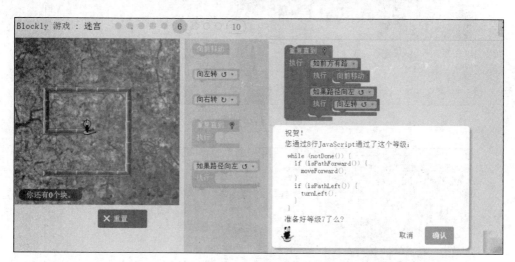

图 5-59　迷宫游戏第六级

第七级：与第六级不同的是，第七级可以向右转到达终点，即只要有路，就先向前走，再右拐，而且这两个动作要重复进行，直到终点。因此结合分支结构和循环结构来实现，如图 5-60 所示。

第八级：这一级的路径可以分成两段，第一段是向左转的，第二段是向右转的，结合多分支结构和循环结构来实现，如图 5-61 所示。

第九级：这一级的路径涉及判断是否有路和是否路径向左的问题，所以运用的是 if…else 分支结构，并结合循环结构来实现，如图 5-62 所示。

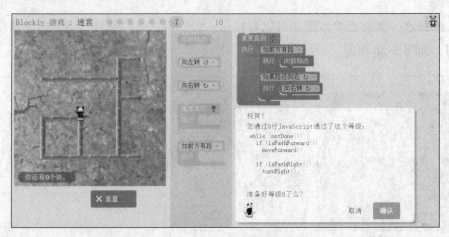

图 5-60　迷宫游戏第七级

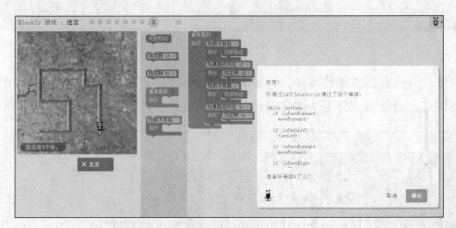

图 5-61　迷宫游戏第八级

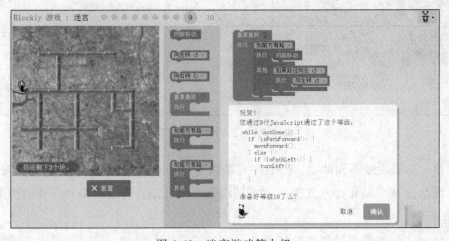

图 5-62　迷宫游戏第九级

第十级：可根据提示沿左墙走。

如果有路，则向前、向左转，否则向右转，重复这个规则就可以走到终点，如图 5-63 所示。

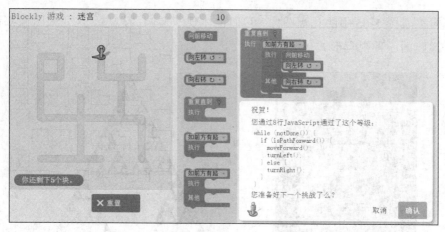

图 5-63　迷宫游戏第十级

可见，通过游戏，可以比较轻松地理解程序设计的方法和结构。Blockly 的其他游戏，请读者自行尝试，此外不再赘述。

5.6.2　递归与迭代

递归是计算科学领域某种问题的求解模式，体现了计算技术的典型特征，是实现问题求解的一种重要的计算思维。用递归法编写的程序具有结构清晰、可读性强等优点，其在编程中得到了广泛应用，学好递归对以后深入学习程序设计、解决实际问题有很大帮助。

1. 递归在生活中的应用举例

"从前有座山，山里有个庙，庙里有个老和尚，给小和尚讲故事。故事讲的是：从前有座山，山里有个庙，庙里有个老和尚，给小和尚讲故事。故事讲的是：从前有座山，山里有个庙……"《从前有座山》是流传于民间的童谣，它是用语言来递归的一个典型例子。

再如，在日常生活和工作中，如果我们遇到一个不会解的复杂问题，都会尽量想办法把这个问题拆解成几个小的问题，然后分而治之来解决。

曾经有网友展示过一个图 5-64 所示的截图：当在 Google 搜关键词"递归"时，Google 会询问："您是不是要找：递归？"如果你一直点"递归"超链接，就会一直循环下去。Google 用"递归"的方法开了"递归"这个词的玩笑。

图 5-64　Google 递归搜索截图

下面再来看图 5-65 中的几幅图像，它们也体现了递归的思想。这几幅图像都调用了自身，这是递归的一种视觉形式。

图 5-65　递归的形象示例

图 5-66 所示是电影《盗梦空间》中的一个镜头，当两面镜子相互近似平行时，镜中嵌套的图像是以无限递归的形式出现的。其实该部电影的剧情结构就是六层空间嵌套的"递归"。

图 5-66　递归示例：图像嵌套

下面再来举一个典型的递归的例子。

【例 5-6】一家兄弟 5 人，老大被问："几岁了？"老大回答："比老二大两岁。"问老二，老二答："比老三大两岁。"……（都答大两岁）。老五的年龄为两岁，请问老大几岁？

我们可以将该问题描述为。

老大：老二的年龄+2

老二：老三的年龄+2

老三：老四的年龄+2

老四：老五的年龄+2

老五：两岁

如果用函数来表示：$f(5)$表示老五的年龄，$f(4)$表示老四的年龄。

那么，这个问题的函数可表示如下。

$$f(x)=\begin{cases}2 & x=5 \\ f(x+1)+2 & 1\leqslant x\leqslant 5\end{cases}$$

由此，我们可以思考，递归的定义是什么。

2．递归的定义

所谓递归，是指用函数自身来定义函数的方法，也常用于描述以自相似方法重复事物的过程，它可以用有限的语句来定义对象的无限集合。

3．递归函数

通常递归函数由递归基础和递归函数式组成，并设置函数变量的范围。

递归计算需要一个起点，即递归起始值，该起点被称为递归基础，如例 5-6 中的 $f(x)=2$；如果我们只知道 5 个兄弟之间都差两岁，并不知道其中一个兄弟的年龄，也就失去了递归基础，就不可能知道其他兄弟的年龄了。

知道递归基础，再通过递归函数式就可以最终算出其他相关函数的值。如例 5-6 中的 $f(x)=f(x+1)+2$ 就是递归函数式（x 的范围是[1,5]）。

4．递归法解决问题的过程

递归算法的出发点不是放在初始条件上，而是放在求解的最终目标上，从所求的未知项出发，逐次调用本身的求解过程，直到递归的边界条件。正因为递归法自己调用自己的特殊性，所以在程序设计中需要通过"自定义函数"来实现。

例 5-6 的计算过程如下。

$f(1)=f(2)+2$

$f(2)=f(3)+2$

$f(3)=f(4)+2$

$f(4)=f(5)+2$

$f(5)=2$

$f(4)=f(5)+2=4$

$f(3)=f(4)+2=6$

$f(2)=f(3)+2=8$

$f(1)=f(2)+2=10$

为了更直观，将以上步骤表示成图 5-67。

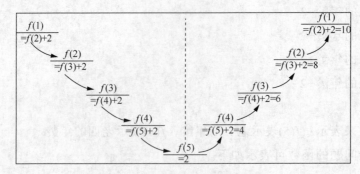

图 5-67　用递归解决问题的过程

经过以上分析，可以得知程序的基本结构如下。

先定义一个递归函数，再调用它，算出老几的年龄。具体算法步骤如下。

（1）定义递归函数 $f(x)$。

① 如果 $x=5$，则 $f(x)=2$。

② 如果 $x>0$，则 $f(x)=f(x+1)+2$。

③ 返回 $f(x)$ 的值。

（2）键盘输入 x 值（表示要求得老几的年龄，如果老大输入 1，则老二输入 2……）。

（3）调用以上定义的递归函数，求出 $f(x)$。

（4）输出结果。

用 Blockly 编程实现，如图 5-68 所示。图 5-68 中求年龄的递归函数名为 jsage，代表要求老几的参数为 num，并把所求值赋给了 age，返回的 age 值即函数值。

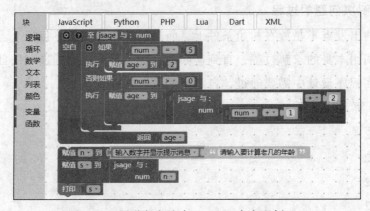

图 5-68　用递归方法在 Blockly 中实现例 5-6

由以上程序的实现过程可知，递归程序往往很精致，可以用几行代码把一个复杂问题简化为与原问题相同但规模较小的问题进行求解，只要有递归基础，即只要有与原问题相同的、最小规模的问题能够求解，那么复杂问题也可以求解。但通过例 5-6 以及图 5-67 可以看出，递归程序的计算量很大，所以尽可能将递归求解问题转化为非递归程序求解，这就是迭代的方法。

5. 迭代方法

迭代方法，从字面上理解，"迭"是重复的意思，"代"是替换，合起来就是反复替换计算结果的意思。在算法与程序设计中，为了处理有规律的重复性问题，最常用的方法就是循环迭代。

迭代的特点是从初始条件出发，依次代入，直到算出目标函数，计算过程如下。

$f(5)=2$

$f(4)=f(5)+2=4$

$f(3)=f(4)+2=6$

$f(2)=f(3)+2=8$

$f(1)=f(2)+2=10$

用 Blockly 程序实现上述计算年龄的基本思想是：定义一个迭代函数，调用这个函数，其中迭代函数采用循环结构，需要考虑设置循环参数变化的规律。

循环的初值是 2，循环次数是 $5-x$ 次；循环结构体是 $f(x)=f(x+1)+2$。

用迭代在 Blockly 中实现例 5-6 的方法如图 5-67 所示。图 5-69 中求年龄的迭代函数名为 ddage，代表要求老几的参数为 num，并把所求值赋给了 age，返回的 age 值即函数值。

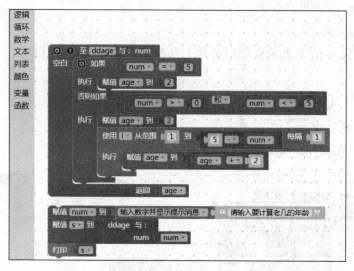

图 5-69　用迭代方法在 Blockly 中实现例 5-6

13 世纪意大利数学家斐波那契的著作《计算之书》中记载了与例 5-6 类似的一个问题，请看例 5-7。

【例 5-7】有人养了一对兔子，这对兔子每月生一对兔子，新生兔子从第三个月开始，也每月生一对兔子（见表 5-2），问：一年内的第 n 个月后，这人有多少对兔子？

基本思想：先推导该问题的递推公式，再找递归的边界条件，最后用递归法实现。

表 5-2   兔子繁殖问题

月份	一	二	三	四	五	......
成兔	0	1	1	2	3	
幼兔	1	0	1	1	2	
总数	1	1	2	3	5	

分析如下。

将第 x 个月设置为 $f(x)$，第 $x-1$ 个月设置为 $f(x-1)$，第 $x-2$ 个月设置为 $f(x-2)$。

由上述规律可得：

$$f(x) = \begin{cases} 1 & x = 1 \\ 1 & x = 2 \\ f(x-1) + f(x-2) & 1 < x < 13 \end{cases}$$

下面分别用递归方法和迭代方法求解这个问题。

算法思想：定义一个递归函数，键盘输入参数，再调用该递归函数，最后输出结果。

算法步骤如下。

（1）定义递归函数 $f(x)$。

① 如果 $x=1$，则 $f(1)=1$。

② 如果 $x=2$，则 $f(2)=1$。

③ 如果 $1<x<13$，则 $f(x)=f(x-1)+f(x-2)$。

④ 返回 $f(x)$ 的值。

（2）键盘输入 x 值（表示要求的第几个月的兔子数，第一个月输入 1，第二个月输入 2······）。

（3）调用以上定义的递归函数求出 $f(x)$。

（4）输出结果。

Blockly 具体实现如图 5-70 所示。

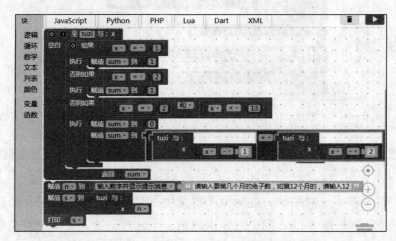

图 5-70   用递归方法解决兔子繁殖问题

其中，$f(x)$ 用 $tuzi(x)$ 表示。输出的 s 值即为第 n 个月的兔子数。要求输入的 n 值为小于 13 且大于等于 1 的整数。由此可计算出第 12 个月有兔子 144 对。

同样，迭代的程序可以构造如下。

（1）定义迭代函数 $f(x)$。

① 如果 $x=1$，则 $f(1)=1$。

② 如果 $x=2$，则 $f(2)=1$。

③ 如果 $1<x<13$，则定义循环体和循环次数。

④ 返回 $f(x)$ 的值。

（2）键盘输入 x 值（表示要求的第几个月的兔子数，第一个月输入 1，第二个月输入 2……）。

（3）调用以上定义的迭代函数求出 $f(x)$。

（4）输出结果。

其中，循环体和循环次数分析如下。

如果求第 5 个月的兔子数，则计算如下。

$f(1)=1$

$f(2)=1$

$f(3)=f(2)+f(1)=2$

$f(4)=f(3)+f(2)=2+1=3$

$f(5)=f(4)+f(3)=3+2=5$

由此可以看出循环计算的初值是 $f(2)$ 和 $f(1)$，它们的值都是 1，为了区分，可写成：

$x=1$

$sum=1$

然后，设置一个中间变量 $z=x+sum$。

下一步：

$x=sum; sum=z$

返回 sum 的值。

循环次数的确定：因为 $f(3)=f(2)+f(1)$，所以只需要算一次；$f(4)=f(3)+f(2)$，需要算两次……

由此可知，计算 $f(n)$ 的循环次数为 $n-2$。

Blockly 的具体实现如图 5-71 所示。

其中 $f(x)$ 用 $ddtuzi(x)$ 表示。输出的 ss 值即为第 n 个月的兔子数。要求输入的 n 值为小于 13 并大于等于 1 的整数。由此同样可以计算出第 12 个月有兔子 144 对。

通过以上两个例子，可以看出迭代与递归有密切的关系，可以证明，迭代函数都可以转换写成与它等价的递归函数。反之则不然，如汉诺塔问题，就很难用迭代方法来求解。

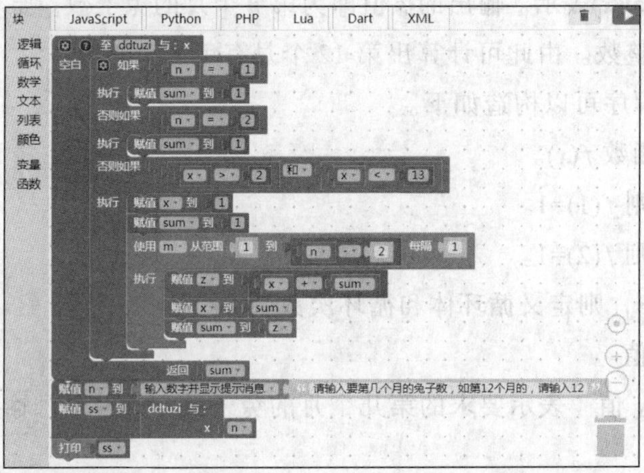

图 5-71　用迭代方法解决兔子繁殖问题

【例 5-8】汉诺塔问题。

汉诺塔是印度的一个古老的传说，据说开天辟地之神在一个庙里留下了 3 根石柱，并在第一根石柱上从上到下依次串着由小到大的 64 片中空的圆形金盘，神要庙里的僧人把这 64 片金盘按由小到大的顺序放到第三根石柱上，每次只能搬一个，可利用中间的一根石柱作为中转，并且要求在搬运的过程中，不论在哪根石柱上，大的金盘都不能放在小的金盘上面。

问题描述如下。

如图 5-72 所示，有 n 个盘子和 3 根柱子：A（起始柱）、B（备用柱）、C（目标柱），盘子的大小不同且中间有一孔，可以将盘子"串"在石柱上，每个盘子只能放在比它大的盘子上面。起初，所有盘子都在 A 柱上，需要解决的问题是将盘子一个个地从 A 柱移动到 C 柱上。在移动过程中，可以使用 B 柱，但盘子也只能放在比它大的盘子上面。

由问题描述可以得出，汉诺塔问题有以下几个限制条件。

① 小圆盘上不能放大圆盘。

② 每次只能移动一个圆盘。

③ 只能移动最顶端的圆盘。

A　　　　　B　　　　　C

图 5-72　汉诺塔示意图

分析如下。

（1）$n=1$ 时。

第 1 次 1 号盘 A→C，一共移动 1 次。

（2）n=2 时。

第 1 次 1 号盘 A→B。

第 2 次 2 号盘 A→C。

第 3 次 1 号盘 B→C，一共移动 3 次。

（3）n=3 时。

第 1 次 1 号盘 A→C。

第 2 次 2 号盘 A→B。

第 3 次 1 号盘 C→B。

第 4 次 3 号盘 A→C。

第 5 次 1 号盘 B→A。

第 6 次 2 号盘 B→C。

第 7 次 1 号盘 A→C，一共移动 7 次。

……

把 n 个盘子从 A 柱移动至 C 柱的问题可以表示为：move(n,a,b,c)。

下面我们尝试将该问题分解成以下子问题。

第 1 步：将 $n-1$ 个盘子从 A 柱移动至 B 柱（借助 C 柱为过渡柱），表示为函数 move(n-1,a,c,b)。

第 2 步：将 A 柱底下最大的盘子移动至 C 柱，表示为函数 move(1,a,b,c)。

第 3 步：将 B 柱的 $n-1$ 个盘子移至 C 柱（借助 A 柱为过渡柱），表示为函数 move(n-1,b,a,c)。

递归基础：$n=1$ 时，a→c。

算法思想：建立汉诺塔递归函数，键盘输入要移动的盘子数，调用该函数得出移动步骤。

算法步骤如下。

① 定义递归函数 move(n,a,b,c)。

② 如果 $n=1$，则 a→c。

③ 否则，move(n-1,a,c,b)。

④ move(1,a,b,c)。

⑤ move(n-1,b,a,c)。

⑥ 键盘输入要移动的盘子数 n。

⑦ 调用 move 函数。

⑧ 输出结果。

Blockly 具体实现如图 5-73 和图 5-74 所示。这里需要拖动块定义 4 个参数，分别是 n、a、b、c。

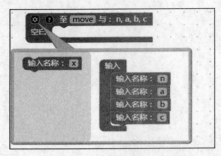
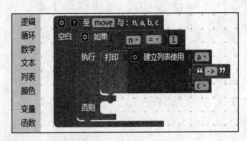

图 5-73　Blockly 实现汉诺塔：定义参数和函数

　　建立分支结构，定义函数。输出 a→c 时，要用到"文本"块中的"字串组合"块。然后调用函数，注意函数参数的设置。完整的程序如图 5-74 所示。

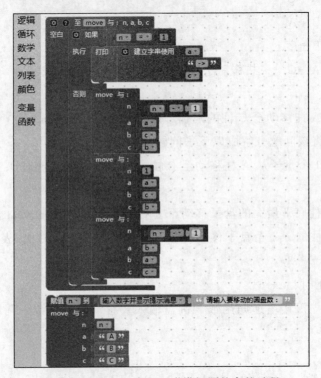

图 5-74　Blockly 实现汉诺塔问题的完整过程

　　注意，最后调用函数时使用的是 move(n,'A','B','C')，其中 A、B、C 都是字符。

　　定义函数 $f(n)$ 为移动 n 个盘子的最少步数。

　　则有：

$f(1)=1$

$f(n)=2f(n-1)+1$

　　不难得出：

$f(n)=2^n-1$

$f(64)=2^{64}-1=18\ 446\ 744\ 073\ 709\ 551\ 615$

可以得出结论：以 1s 移动 1 次的速度，不眠不休移完 64 个盘子要花 5 849 亿年。

作业与实践

1. 简答题

（1）用 Google Blockly 编程的特点是什么？

（2）什么是常量、变量、表达式？有哪些常用的运算符？

（3）常用的数据类型有哪些？

（4）程序的基本结构有哪几种？各有什么特点？

（5）列表是什么？举例说明列表的应用。

（6）什么是函数？函数如何分类？定义函数的基本方法是什么？

2. 编程题

（1）输入两个字符串，将它们连接起来输出。

（2）产生 3 个 0～100 的随机数，求它们的和。

（3）输入身高（cm）和体重（kg），判断体形是否标准（计算方法：身高-105=体重）。

（4）输入某年某月某日，判断这一天是这一年的第几天。

（5）输入一行字符，分别统计英文字母、空格、数字和其他字符的个数。

（6）输入一个 5 位数，判断它是不是回文数（回文数指从左到右排列和从右向左排列得到的数字是一样的。例如，12 321 是回文数，12 210 不是回文数）。

（7）建立一个有 5 个数的列表，按从小到大的顺序输出该列表中的数。

（8）自定义一个函数，利用 3 次该函数实现不同的功能。

（9）用递归方法求 n 个数的最大值。

（10）用迭代方法求 n 的阶乘。

参考文献

[1] 中华人民共和国教育部. 普通高中信息技术课程标准（2017年版）[M]. 北京：人民教育出版社，2017.

[2] 战德臣. 大学计算机：计算与信息素养[M]. 北京：高等教育出版社，2014.

[3] 周颖. 程序员的数学思维修炼[M]. 北京：清华大学出版社，2014.

[4] 郝兴伟. 大学计算机：计算思维的视角[M]. 北京：高等教育出版社，2014.

[5] 张问银，赵慧，李洪杰. 大学信息技术[M]. 济南：山东人民出版社，2016.

[6] 鲁斌，刘丽，李继荣，等. 人工智能及应用[M]. 北京：清华大学出版社，2017.

[7] 丁世飞. 人工智能[M]. 北京：清华大学出版社，2015.

[8] 修春波. 人工智能原理[M]. 北京：机械工业出版社，2011.

[9] 张开生. 物联网技术及应用[M]. 北京：清华大学出版社，2016.

[10] 董荣胜. 计算思维的结构[M]. 北京：人民邮电出版社，2017.